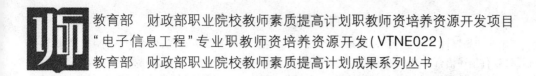
教育部　财政部职业院校教师素质提高计划职教师资培养资源开发项目
"电子信息工程"专业职教师资培养资源开发(VTNE022)
教育部　财政部职业院校教师素质提高计划成果系列丛书

可编程逻辑器件项目开发设计

郭爱煌　邢移单　编

同济大学 出版社
TONGJI UNIVERSITY PRESS

内 容 提 要

本书由可编程逻辑器件开发设计的基础知识、基础单元、综合案例三部分组成,内容包括可编程逻辑器件基础、开发设计硬件描述语言 VHDL、开发设计硬件描述语言 Verilog HDL、开发设计流程和设计技巧、基础器件开发设计、单元电路开发设计、交通灯控制系统设计的 FPGA 实现、数字时钟系统设计的 FPGA 实现、Turbo 码译码算法设计的 FPGA 实现、电梯控制器系统设计的 FPGA 实现等 10 个项目。以项目的形式,分析了可编程逻辑器件开发设计的整个过程。内容基于器件的开发应用,注重开发设计技巧和面向工程实践;基于项目开发设计,以基础知识为要素、以应用为导向、以实现为驱动;基于职业教育的实际情况,培养知识掌握能力、开发设计能力、工程实践能力、工程应用能力和工程创新能力。

本书可作为电子信息类职教师资专业教学培训教材,也适用于相关专业教师培训。

图书在版编目(CIP)数据

可编程逻辑器件项目开发设计 / 郭爱煌,邢移单编.
—上海:同济大学出版社,2017.8
ISBN 978 - 7 - 5608 - 7235 - 3

Ⅰ.①可… Ⅱ.①郭… ②邢… Ⅲ.①可编程序逻辑
阵列 Ⅳ.①TP332.1

中国版本图书馆 CIP 数据核字(2017)第 182486 号

可编程逻辑器件项目开发设计

郭爱煌　邢移单　编

出 品 人	华春荣	责任编辑	陆克丽霞	责任校对	徐春莲	封面设计	陈益平

出版发行　同济大学出版社　　www.tongjipress.com.cn
　　　　　(地址:上海市四平路 1239 号　邮编:200092　电话:021 - 65985622)
经　　销　全国各地新华书店、建筑书店、网络书店
排版制作　南京展望文化发展有限公司
印　　刷　上海同济印刷厂有限公司
开　　本　787 mm×1092 mm　　1/16
印　　张　15.75
字　　数　393 000
版　　次　2017 年 8 月第 1 版　　2017 年 8 月第 1 次印刷
书　　号　ISBN 978 - 7 - 5608 - 7235 - 3

定　　价　52.00 元

编 委 会

出 版 说 明

　　《国家中长期教育改革和发展规划纲要（2010—2020 年）》颁布实施以来，我国职业教育进入到加快构建现代职业教育体系、全面提高技能型人才培养质量的新阶段。加快发展现代职业教育，实现职业教育改革发展新跨越，对职业学校"双师型"教师队伍建设提出了更高的要求。为此，教育部明确提出，要以推动教师专业化为引领，以加强"双师型"教师队伍建设为重点，以创新制度和机制为动力，以完善培养培训体系为保障，以实施素质提高计划为抓手，统筹规划，突出重点，改革创新，狠抓落实，切实提升职业院校教师队伍整体素质和建设水平，加快建成一支师德高尚、素质优良、技艺精湛、结构合理、专兼结合的高素质专业化的"双师型"教师队伍，为建设具有中国特色、世界水平的现代职业教育体系提供强有力的师资保障。

　　目前，我国共有 60 余所高校正在开展职教师资培养，但由于教师培养标准的缺失和培养课程资源的匮乏，制约了"双师型"教师培养质量的提高。为完善教师培养标准和课程体系，教育部、财政部在"职业院校教师素质提高计划"框架内专门设置了职教师资培养资源开发项目，中央财政划拨 1.5 亿元，用于系统开发本科专业职教师资培养标准、培养方案、核心课程和特色教材等系列资源。其中，包括 88 个专业项目，12 个资格考试制度开发等公共项目。该项目由 42 家开设职业技术师范专业的高等学校牵头，组织近千家科研院所、职业学校、行业企业共同研发，一大批专家学者、优秀校长、一线教师、企业工程技术人员参与其中。

　　经过 3 年的努力，培养资源开发项目取得了丰硕成果。一是开发了中等职业学校 88 个专业（类）职教师资本科培养资源项目，内容包括专业教师标准、专业教师培养标准、评价方案，以及一系列专业课程大纲、主干课程教材及数字化资源；二是取得了 6 项公共基础研究成果，内容包括职教师资培养模式、国际职教师资培养、教育理论课程、质量保障体系、教学资源中心建设和学习平台开发等；三是完成了 18 个专业大类职教师资资格标准及认证考试标准开发。上述成果,共计800多本正式出版物。总体来说,培养资源开发项目实现了高效益:形成了一大批资源,填补了相关标准和资源的空白;凝聚了一支研发队伍,强化了教师培养的"校—企—校"协同;引领了一批高校的教学改革,带动了"双师型"教师的专业化培养。职教师资培养资源开发项目是支撑专业化培养的一项系统化、基础性工程,是加强职教教师培养培训一体化建设的关键环节,也是对职教师资培养培训基地教师专业化培养实践、教师教育研究能力的系统检阅。

自2013年项目立项开题以来,各项目承担单位、项目负责人及全体开发人员做了大量深入细致的工作,结合职教教师培养实践,研发出很多填补空白、体现科学性和前瞻性的成果,有力地推进了"双师型"教师专门化培养向更深层次发展。同时,专家指导委员会的各位专家以及项目管理办公室的各位同志,克服了许多困难,按照两部对项目开发工作的总体要求,为实施项目管理、研发、检查等投入了大量时间和心血,也为各个项目提供了专业的咨询和指导,有力地保障了项目实施和成果质量。在此,我们一并表示衷心的感谢。

编写委员会

2016 年 3 月

前　言

现场可编程门阵列（FPGA）和复杂可编程逻辑器件（CPLD）的功能基本相同，实现原理略有不同，因此有时忽略二者的差别，统称为可编程逻辑器件。本书基于 FPGA，介绍可编程逻辑器件的项目开发设计与应用。

随着微电子技术、通信技术和信息技术的快速发展，可编程逻辑器件正在融入处理器和数字信号处理功能，不仅能解决电子系统小型化、低功耗、高可靠性的问题，而且开发周期短、投入少、升级方便，因此越来越受到硬件开发工程师们的关注，广泛应用到各类电子产品、电子系统的设计中。可编程逻辑器件系统设计技术已成为高级硬件工程师和设计工程师必备的技能之一。

本书面向可编程逻辑器件的开发设计与应用的学习人员，通过基础知识、基础单元、综合案例三个方面，由知识学习到能力培养、技能养成，达到掌握基础知识、具备设计开发能力、形成开发设计技巧的教学目标。本书的主要特点有：

（1）注重理论基础与基础单元。依据工程项目、复杂系统的设计开发，需要掌握扎实的理论基础知识和丰富的基础单元设计经验的原则，本书注重基础理论和基础知识的学习，分基础知识、基础单元、综合案例三篇，层次递进。基础知识篇重点介绍了硬件编程语言和可编程逻辑器件设计方法，基础单元篇基于基础知识系统地介绍了基本逻辑器件和单元电路的开发设计，而综合案例篇重点突出了基础知识和基础单元的深化应用。

（2）注重全面而系统。本书全面而系统地介绍了可编程逻辑器件的基础理论和硬件编程语言。特别是针对目前可编程逻辑器件开发设计硬件描述语言 VHDL 和 Verilog HDL 都得到广泛应用和各有特点的现实情况，对两种硬件编程语言都进行了系统的介绍，且分别在不同项目的设计中进行了深化应用。

（3）注重开发设计技巧。本书对通过开发软件手册或实际应用能掌握的软件操作过程进行了简化，重点突出开发设计、编程过程中的常见问题及开发设计技巧，有针对性地对项目开发设计过程中的同步、逻辑、低功耗、电路关联编程等问题进行了分析，提供了具体的开发设计方法。

（4）注重程序开发设计。硬件编程是可编程逻辑器件开发设计的重点，开发设计系统，不仅要掌握硬件描述语言和设计技巧，更要掌握基础器件和单元电路的基础程序设计。基础程序是系统开发设计的"积木"，"积木"多了，才能保证综合系统开发设计的快速和可靠。

（5）注重实用性和综合性。项目设计中的门电路、编码器、译码器、触发器、计数器、分频器、加法器、乘法器、比较器等基础器件，串口通信、矩阵键盘接口、LCD 显示器、模数/数模转换等单元电路，都是设计人员平时常遇到的工程实践、实际开发设计产品和系统的基础，具有很好的实用性。而提供的项目设计案例，从系统设计、编程到实现，都具有较好的综合性，使学习者各方面的知识和能力都能得到培养。

本书的编写体例按项目方式编排，从任务驱动、过程导向来组织教学内容，项目从方案设计入手，分析设计任务和过程实现方法，培养分析问题和解决问题的能力。

本书编写过程中，参考了大量已出版的相关教材，在参考文献中已全部列出，在此对这些教材的作者表示衷心的感谢。

编　者

2017 年 7 月

目　录

第 3 篇　可编程逻辑器件开发设计综合案例

第 1 篇

可编程逻辑器件开发设计基础知识

　　本篇是可编程逻辑器件开发设计的基础知识部分,包括可编程逻辑器件基础、开发设计硬件描述语言 VHDL 程序设计、开发设计硬件描述语言 Verilog HDL 程序设计、开发设计流程和设计技巧这 4 个项目。在介绍可编程逻辑器件概述、体系结构、工作原理、典型器件的基础上,重点分析 VHDL 和 Verilog HDL 两种硬件描述语言的程序设计基础、设计方法和设计技巧,并介绍了可编程逻辑器件开发设计的应用软件、应用设计流程和应用设计技巧。

　　通过本篇的学习,需要了解可编程逻辑器件的概况,掌握硬件描述语言 VHDL 的程序设计方法,掌握硬件描述语言 Verilog HDL 的程序设计方法和设计技巧,熟悉可编程逻辑器件开发设计的应用开发软件、应用设计流程和应用设计技巧。

项目 1　可编程逻辑器件基础

主要任务:

(1) 认识可编程逻辑器件的发展概况、特点,FPGA 与可编程逻辑器件的关系。

(2) 了解 FPGA 的体系结构和工作原理。

(3) 重点了解 Xilinx 公司和 Altera 公司的典型 FPGA 芯片,及其性能差别。

1.1　了解可编程逻辑器件

自 20 世纪 60 年代以来,数字集成电路已经历了从小规模集成电路(SSI)、中规模集成电路(MSI)、大规模集成电路(LSI)到超大规模集成电路(VLSI)的发展过程。70 年代初 LSI 问世以后,微电子技术得到了迅猛发展,集成电路的集成规模几乎以平均每 1~2 年翻一番的惊人速度迅速增长。集成技术的发展也大大促进了电子设计自动化(EDA)技术的进步。90 年代以后,由于新的 EDA 工具不断出现,设计者可以直接设计出系统所需要的专用集成电路(ASIC),从而给电子系统设计带来了革命性的变化。过去传统的系统设计方法是采用 SSI、MSI 标准通用器件和其他元件对电路板进行设计,由于一个复杂电子系统所需要的元件种类和数量往往都很多,连线也很复杂,因而所设计的系统体积大、功耗大、可靠性差。先进的 EDA 技术使传统的"自下而上"的设计方法变为一种新的"自顶向下"的设计方法,设计者可以利用计算机对系统进行方案设计和功能划分,系统的关键电路可以采用一片或几片 ASIC 来实现,因而使系统的体积、质量减小、功耗降低,而且具有性能优、可靠性高和保密性好等优点。

可编程逻辑器件(PLD)是 ASIC 的一个重要分支。PLD 作为一种通用型器件生产的半定制电路,用户可以通过对器件编程使之实现所需要的逻辑功能。用户可配置、成本低,使用灵活且设计周期短,可靠性高、承担风险小等特点,使 PLD 很快得到了普遍应用,且发展非常迅速。

可编程逻辑器件从 20 世纪 70 年代发展到现在,已形成了许多类型的产品,其结构、工艺、集成度、速度和性能等都在不断改进和提高。

最早出现的可编程逻辑器件是 1970 年制成的可编程只读存储器(PROM),它由全译码的与阵列和可编程的或阵列组成。由于阵列规模大、速度低,因此它的主要用途还是作存储器。

20 世纪 70 年代中期出现了可编程逻辑阵列(PLA)器件,它由可编程的与阵列和可编程的或阵列组成,虽然其阵列规模大为减少,提高了芯片的利用率,但由于编程复杂,支持 PLA 的开发软件有一定难度,因而也没有得到广泛应用。

20 世纪 70 年代末,美国单片存储器公司(MMI)率先推出了可编程阵列逻辑(PAL)器件,它由可编程的与阵列和固定的或阵列组成,采用熔丝编程方式、双极型工艺制造,器件的工作速度很高。由于它的输出结构种类很多,设计很灵活,因而成为第一个得到普遍应用的可编程逻辑器件。

20 世纪 80 年代初,Lattice 公司发明了通用阵列逻辑(GAL)器件,它在 PAL 的基础上进一步进行改进,采用了输出逻辑宏单元的形式和 E^2CMOS 工艺结构,因而具有可擦除、可重复编程、数据可长期保存和可重新组合结构等优点。GAL 比 PAL 使用更加灵活,它可以取代大部分 SSI、MSI 和 PAL 器件,所以在 20 世纪 80 年代得到了广泛应用。

PAL 和 GAL 都属于低密度 PLD,其结构简单,设计灵活,但规模小,难以实现复杂的逻辑功能。20 世纪 80 年代末,随着集成电路工艺水平的不断提高,PLD 突破了传统的单一结构,向着高密度、高速度、低功耗以及结构体系更灵活、适用范围更宽的方向发展,因而相继出现了各种不同结构的高密度 PLD。

20 世纪 80 年代中期,Altera 公司推出了一种新型的可擦除、可编程逻辑器件(EPLD),它采用 CMOS 和紫外光可擦除可编程只读存储器(UVEPROM)工艺制作,集成度比 PAL 和 GAL 高得多,设计也更加灵活,但内部互连能力比较弱。1985 年,Xilinx 公司首家推出了现场可编程逻辑(Filed Programmable Gate Array, FPGA)器件,它是一种新型的高密度 PLD,采用 CMOS - SRAM 工艺制作,其结构和阵列型 PLD 不同,内部由许多独立的可编程逻辑模块组成,逻辑块之间可以灵活地相互连接,具有密度高、编程速度快、设计灵活和可再配置设计能力等许多优点。FPGA 出现后立即受到世界范围内电子设计工程师的普遍欢迎,并得到了迅速的发展。

20 世纪 80 年代末,Lattice 公司提出了在系统可编程技术以后,相继出现了一系列具备系统可编程能力的复杂可编程逻辑器件(Complex Programmable Logic Device, CPLD)。CPLD 是在 EPLD 的基础上发展起来的,它采用 E^2CMOS 工艺制作,增加了内部连线,改进了内部结构体系,因而比 EPLD 性能更好,设计更加灵活,其发展也非常迅速。

20 世纪 90 年代以后,随着深亚微米、低电压、低功耗集成电路工艺的不断发展和应用,高密度 PLD 在器件和性能等方面飞速地发展。系统可编程技术、边界扫描技术的发展和应用也使该类器件在编程和测试技术、系统可重构技术等方面发展迅速。

目前,世界各著名半导体器件公司,如 Xilinx、Altera、Lattice 和 Actel 等公司,均可提供不同类型的 CPLD、FPGA 产品,众多公司的竞争促进了可编程集成电路技术的提高,使其性能不断完善,产品日益丰富。可以预计,可编程逻辑器件将在结构、密度、功能、速度和性能等各方面得到进一步发展,并在现代电子系统设计中得到更广泛的应用。

1.1.1 FPGA 的特点

FPGA 与复杂可编程逻辑器件 CPLD 的功能基本上相同,只是实现原理略有不同,所以有时将二者的区别忽略,统称其为可编程逻辑器件。本书重点介绍 FPGA 及其设计应用。

FPGA 芯片是特殊的 ASIC 芯片,除了具有 ASIC 的特点之外,还具有以下几个优点。

(1) 用户采用 FPGA 设计 ASIC 电路(专用集成电路),不需要投片生产,设计人员在自己的实验室即可通过相关的软硬件环境来完成芯片的最终功能设计,可以得到适用的芯片。所以FPGA 的资金投入小。

(2) 随着超大规模集成电路工艺的不断提高,单一芯片内可容纳上百万个晶体管。相对于单片机的工作方式来说,FPGA 的运算执行方式会根据实现该运算的硬件电路方式不同而不同,运算速度会远高于单片机。

(3) FPGA 内部具有丰富的触发器和 I/O 引脚,可以满足用户的应用需求。

(4) FPGA 采用高速 CHMOS 工艺,功耗低,可以与 CMOS、TTL 电平兼容。

(5) FPGA 是 ASIC 电路设计周期最短、开发费用最低、风险最小的器件之一,用户可以反复地编程、擦除、使用,或者在外围电路不动的情况下用不同的软件就可以实现不同的功能。当电路有少量改动时,更能显示出 FPGA 的优势。

1.1.2　FPGA 的发展方向

1. FPGA 器件工艺的发展方向

随着芯片生产工艺的不断提高,FPGA 芯片的性能、密度一直在不断地提高。20 世纪 80 年代末美国的 Altera 和 Xilinx 公司采用 EECMOS 工艺,分别推出了大规模、超大规模 CPLD 和FPGA,这种芯片在达到高度集成的同时,具有以往 LSI/VLSI 电路无法比拟的应用灵活性和多组态功能。90 年代,FPGA 发展更为迅速,不仅具有电擦除特性,并且还出现了边缘扫描以及在线编程等高级特性。除此之外,外围 I/O 模块也扩大了在系统中的应用范围和扩展性。

在高性能计算和高吞吐量 I/O 应用方面,FPGA 取代了专用的 DSP 芯片,成为最佳实现方案。因此,高性能、高密度也成为衡量 FPGA 芯片厂家设计能力的重要指标。随着 FPGA 性能、密度的提高,功耗也已经成为 FPGA 应用的瓶颈。虽然 FPGA 比 DSP 等处理器的功耗低,但还明显高于 ASIC 的功耗。总之,FPGA 器件朝着更高速、更高集成度、更强功能和更灵活的方向发展,不仅成为标准逻辑器件一个强有力的竞争对手,也成为 ASIC 的竞争者,同时也在不断取代ASIC。

2. 基于 FPGA 的片上可编程系统(SoPC)技术正在发展成熟

SoPC 在可编程器件领域的应用越来越广泛。这种技术的核心是在 FPGA 芯片内部嵌入微处理器。Xilinx 公司提供了基于 Power PC 的硬核解决方案,而 Altera 公司提供了基于 NIOS Ⅱ的软核解决方案。同时 Altera 公司为 NIOS Ⅱ 软核处理器提供了完整的软硬件解决方案,客户可以轻松地完成 SoPC 系统的构建和调试工作。

3. 基于 IP 核的设计方法

随着 FPGA 芯片密度的不断提高,传统的基于硬件描述语言(HDL)代码的设计方法已经很难满足超大规模 FPGA 设计的需求。一种新的 FPGA 设计方法,基于 IP 库的设计方法将会解决这个难题并成为未来主流的设计方法。基于 IP 库设计的主要工作是找到构建系统需要的 IP 核,然后将这些 IP 核整合起来,完成顶层系统的设计。由于商业化的 IP 核都是通过了验证的,因此对系统的仿真和验证工作,就是验证 IP 核的接口逻辑的设计是否正确。随着专用的 IP 库设计公司的不断增多,商业化的 IP 库种类会越来越全面,所支持的 FPGA 器件型号也会越来越广泛,基于 IP 核的设计方法将会得到广泛的应用。

4. FPGA 的动态可重构技术

FPGA 动态重构技术主要是指对于某些特定的 FPGA 芯片,在某些控制信号的控制下,对芯片的部分逻辑资源实现高速的功能切换,从而实现硬件模块的时分复用,节约逻辑资源。由于 FPGA 集成密度的不断提高,FPGA 能实现的功能也越来越复杂。FPGA 全部逻辑配置一次需要的时间也在逐渐变长,这就大大降低了系统的实时性。因此,局部逻辑资源的配置功能通过使用"按需动态重构"的方法,使配置的效率得到很大提高。

1.1.3　FPGA 的应用领域

FPGA 最初的应用领域为通信领域。目前,随着信息产业和微电子技术的发展,FPGA 技术已经成为信息产业最热门的技术之一,应用领域包括航空航天、医疗、通信、无线网络、安保、数字广播、汽车电子、工业控制、消费类电子市场、测量测试等热门领域,并随着芯片制造工艺的进步和技术的发展,向更多的应用领域扩展。基于 FPGA 的设计也正逐渐替代基于 ASIC 的设计成为系统设计的趋势,FPGA 正以各种电子产品的形式进入人们的日常生活。

1. 无线通信领域

由于 FPGA 的内部结构特点,它可以很容易地实现分布式的算法结构,这对于实现无线通信中的高速数字信号处理非常有利。因为在无线通信系统中,许多功能模块都需要大量的滤波运算,而这些滤波函数常常需要大量的乘和累加操作。通过 FPGA 来实现分布式的算数结构,就可以有效地实现这些乘和累加操作。因此在无线通信领域中,FPGA 广泛被应用在各种系统中。对现有移动通信中的许多关键技术,如 WCDMA、软件无线电、多用户检测等技术都需要依靠高速、高性能的并行处理器来实现。随着这些应用的日益多样化,FPGA 已不再是一块独立的芯片,而演变成了构件内核,并向低功耗、高性能和低成本的趋势发展。

2. 消费电子新市场

消费电子目前成为全球芯片产业的增长引擎,消费电子对芯片有大批量、多层次的需求。消费电子与移动通信(3G、4G)融合,无线通信、数字家庭娱乐等对 FPGA 芯片而言存在着巨大的商机。目前,FPGA 正在逐步向消费电子市场迈进,而在这个领域中面临的主要挑战为 FPGA 的低功耗问题。由于便携消费电子要求芯片的功耗要低,否则电池无法长时间供电,而普通 FPGA 的功耗无法满足需求,因此低功耗 FPGA 的设计与生产是 FPGA 是否能在消费电子市场立足的关键。

3. 逻辑接口领域

在各种系统中,很多情况下各模块之间需要进行数据通信。比如传感器将采集到的数据送给 PC 机处理等。现在各种接口协议比较繁杂,如 PCI,PCIE,USB,UART 等。传统的设计中往往需要专用的接口芯片来满足接口协议,比如 PCI 接口芯片。如果需要的接口较多,就需要较多的外围芯片,体积功耗大,而且开发成本高。采用 FPGA 来实现接口通信以后,接口逻辑都可以在 FPGA 内部实现,简化了外围电路设计,降低了开发成本。这种应用领域称为"逻辑黏合"。

随着制造技术的不断提升,FPGA 带来的集成密度增加、制造成本降低、升级配置灵活等优势将更加明显,未来人们还将看到它在更多领域发挥更多的作用。

1.2　熟悉可编程逻辑器件体系结构

FPGA 的寄存器资源较为丰富,适合于同步时序电路较多的数字系统。FPGA 采用了逻辑单元阵列(LCA)的概念,内部包括可配置逻辑模块(CLB)、I/O 模块(IOB)和内部连线(Interconnect)三个部分,如图 1-1 所示。

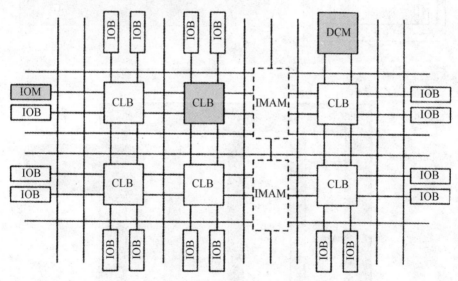

图 1-1　FPGA 芯片的内部结构

与传统逻辑电路和门阵列(如 PAL、GAL 及 CPLD 器件)相比,FPGA 具有不同的结构,FPGA 利用小型查找表(16×1 RAM)来实现组合逻辑,每个查找表连接到一个 D 触发器的输入端,触发器再来驱动其他逻辑电路或驱动 I/O,由此构成了既可实现组合逻辑功能又可实现时序逻辑功能的基本逻辑单元模块,这些模块间利用金属连线互相连接或连接到 I/O 模块。FPGA 的逻辑是通过向内部静态存储单元加载编程数据来实现的,存储在存储器单元中的值决定了逻辑单元的逻辑功能以及各模块之间或模块与 I/O 间的连接方式,并最终决定了 FPGA 所能实现的功能,FPGA 允许无限次编程。

主流 FPGA 生产厂家所生产的 FPGA 的基本器件类型是不相同的。Xilinx 的 FPGA 主要结构包括 CLB,IOB,DCM 等,如图 1-2 所示。Altera 的 FPGA 主要结构包括 LAB,IOE,PLL 等,如图 1-3 所示。

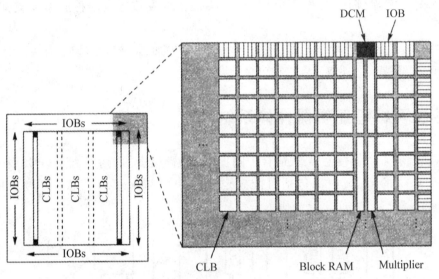

图 1-2　Xilinx Spartan-3 器件结构

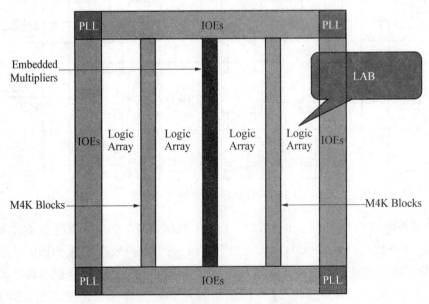

图 1-3　Altera Cyclone Ⅱ 器件结构

FPGA的主要结构模块基本相同,主要由7部分组成,分别为可编程I/O模块、基本可编程逻辑单元、时钟管理、嵌入式块RAM、布线资源、底层嵌入功能单元和内嵌专用内核等。

1.2.1　可编程I/O模块

多数FPGA的I/O模块为可编程模式,通过软件的灵活设置,可适应不同的电气标准与I/O特性。可以调整匹配阻抗特性、输出电压、上下拉电阻、输出驱动电流的大小等。其示意结构如图1-4所示。

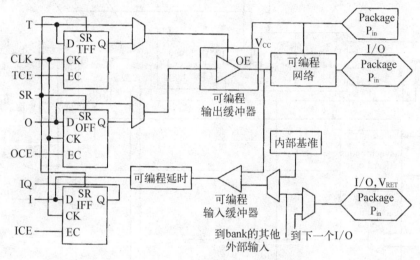

图1-4　I/O模块内部示意图

FPGA内的I/O按组分类,每组都能够独立地支持不同的U_0标准。通过软件的灵活配置,可适配不同的电气标准与I/O物理特性,可以调整驱动电流的大小,可以改变上/下拉电阻。目前,I/O口的频率也越来越高,一些高端的FPGA通过DDR寄存器技术可以支持高达2 Gbps的数据速率。

外部输入信号可以通过IOB模块的存储单元输入到FPGA的内部,也可以直接输入到FPGA内部。当外部输入信号经过IOB模块的存储单元输入到FPGA内部时,其保持时间的要求可以降低,通常默认时间为0。为了便于管理和适应多种电器标准,FPGA的IOB被划分为若干个组,每个组的接口标准由其接口电压决定,一个组只能有一种接口电压,但不同组的电压可以不同。只有相同电气标准的端口才能连接在一起,接口电压相同是接口标准的基本条件。

1.2.2　基本可编程逻辑单元

FPGA的基本可编程逻辑单元是由查找表(LUT)和寄存器(Register)组成的。查找表被用来实现组合逻辑功能。寄存器通过配置,可以作为带同步/异步复位和置位、时钟使能的触发器使用,也可以作为锁存器使用。FPGA通过寄存器来完成同步时序逻辑设计。基本可编程逻辑单元是由一个寄存器加一个查找表构成的,但不同厂商的查找表和寄存器的结构有一定的差异,并且寄存器和查找表的组合模式也不同。如图 1 - 5 所示为 Altera 公司的基本逻辑单元(LE)的结构。如图 1 - 6 所示是 Xilinx 公司的基本逻辑单元 Slice 的结构。

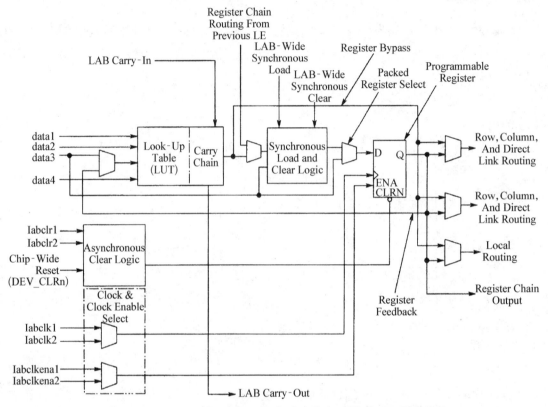

图 1 - 5 Altera 公司 Cyclone Ⅱ系列的基本逻辑单元 LE 的结构

1.2.3 时钟管理

大多数 FPGA 均提供时钟管理,先进的 FPGA 提供数字时钟管理和相位环路锁定功能。相位环路锁定能够提供精确的时钟综合,且能够降低抖动,并实现过滤功能。

1.2.4 嵌入式块 RAM

FPGA 内部一般都有内嵌的块 RAM。通过不同的配置,嵌入式块 RAM 可以作为单口 RAM、双口 RAM、伪双口 RAM、CAM、FIFO 等存储结构使用。

CAM 是指内容地址存储器。写入 CAM 的数据会和其内部存储的所有数据进行比较,并返回与写入数据相同的所有内部数据的地址。RAM 是写地址、读数据的存储单元,而 CAM 与 RAM 相反是一种写数据、读地址的存储单元。

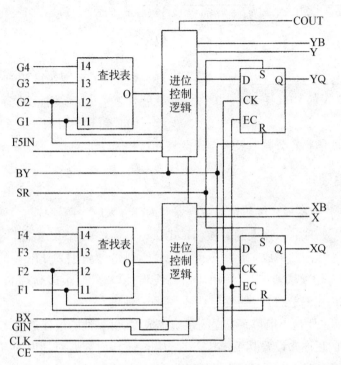

图 1-6　Xilinx 公司 Spartan.3 系列的基本逻辑单元 Slice 结构图

1.2.5　布线资源

　　FPGA 内部所有单元由布线资源连通,连线的长度和工艺决定着信号在连线上的驱动能力和传输速度。布线资源可分为以下 4 种:

　　(1) 全局性专用布线资源:实现器件内部的全局时钟和全局复位/置位的布线。

　　(2) 长线资源:实现器件组的一些高速信号和一些第二全局时钟信号的布线。

　　(3) 短线资源:实现基本逻辑单元间的逻辑互连与布线。

　　(4) 其他:在逻辑单元内部还有着各种布线资源和专用时钟、复位等控制信号线。

　　在设计过程中,因为是由布局布线器自动根据输入的逻辑网表的拓扑结构和约束条件选择可用的布线资源连通所用的底层单元模块,所以常常忽略布线资源。但布线资源的优化、使用和结果的实现有直接关系。

1.2.6　底层嵌入式功能单元

　　主要指嵌入式的软核,具体情况要根据芯片的型号来确定,主要包括 Xilinx 公司提供的 DCM、DSP48/48E、DPLL、Multiplier 等,以及 Altera 公司提供的 PLL/ELL/FPLL、DSPCore 等。内嵌功能模块有 DLL(Delay Locked Loop)、PLL(Phase Locked Loop)、DSP 和 CPU 等软处理

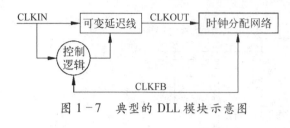

图 1-7　典型的 DLL 模块示意图

核(Soft Core),其中 DLL 的结构如图 1-7 所示。

现在越来越丰富的内嵌功能单元使得单片 FPGA 成为了系统级的设计工具,使其具备了软硬件联合设计的能力,逐步向 SOC 平台过渡。DLL 和 PLL 具有类似的功能,可以完成时钟高精度、低抖动的倍频和分频以及占空比调整和移相等功能。

1.2.7　内嵌专用硬核

内嵌专用硬核指高端应用的可编程逻辑器件内部嵌入的专用硬核,它是相对底层嵌入的软核而言的,指 FPGA 处理能力强大的硬核(Hard Core),等效于 ASIC 电路。为了提高 FPGA 性能,芯片生产商在芯片内部集成了一些专用的硬核。例如,为了提高 FPGA 的乘法速度,主流的 FPGA 中都集成了专用乘法器;为了适用通信总线与接口标准,很多高端的 FPGA 内部都集成了串并收发器(SERDES),可以达到数十 Gbps 的收发速度。

可以说,FPGA 芯片是小批量系统提高系统集成度、可靠性的最佳选择之一。FPGA 是由存放在片内 RAM 中的程序来设置其工作状态的,因此,工作时需要对片内的 RAM 进行编程。用户可以根据不同的配置模式,采用不同的编程方式。加电时,FPGA 芯片将 E^2PROM 中的数据读入片内编程 RAM 中,配置完成后,FPGA 进入工作状态。掉电后,FPGA 恢复成白片,内部逻辑关系消失。因此,FPGA 能够反复使用。FPGA 的编程无需专用的 FPGA 编程器,只需用通用的 E^2PROM、PROM 编程器即可。当需要修改 FPGA 功能时,只需换一片 E^2PROM 即可。这样,同一片 FPGA,不同的编程数据,可以产生不同的电路功能。因此,FPGA 的使用非常灵活。

FPGA 有多种配置模式:并行主模式为一片 FPGA 加一片 E^2PROM 的方式;主从模式可以支持一片 PROM 编程多片 FPGA;串行模式可以采用串行 PROM 编程 FPGA;外设模式可以将 FPGA 作为微处理器的外设,由微处理器对其编程。

FPGA 是 ASIC 中集成度最高的一种,用户可对 FPGA 内部的逻辑模块和 I/O 模块重新配置,以实现用户的逻辑,因而也被用于对 CPU 的模拟。用户对 FPGA 的编程数据放在 Flash 芯片中,通过上电加载到 FPGA 中,对其进行初始化。也可在线对其编程,实现系统在线重构,这一特性可以构建一个根据计算任务不同而实时定制的 CPU,这是目前研究的热门领域。

1.3　熟悉可编程逻辑器件的工作原理

FPGA 是在 PAL,GAL,EPLD,CPLD 等可编程器件的基础上发展的产物。FPGA 作为 ASIC 领域中的一种半定制电路而出现,在目前 IC 设计领域中主要负责前端逻辑电路设计综合和验证,其反复可编程的特点很好地解决了 ASIC 中定制电路流片后就不可修改的不足,并且很好地克服了像 PLD、CPLD 等可编程器件门电路有限的缺点,做到了很高的集成度。

由于可以对 FPGA 进行反复烧写,因此它不可能采用像 ASIC 那样固定的与非门来完成组合逻辑结构,而要采用一些便于反复配置的结构。因此,FPGA 厂商提出了 LUT 的结构,这种查找表能够很好地实现这一要求。目前,基于 SRAM 工艺的查找表结构已成为主流 FPGA 的烧写结构,这一点与传统的采用 Flash 或熔丝与反熔丝工艺的 CPLD 有很大的不同。基于这种查找表结构,可以通过烧写文件改变查找表内容对 FPGA 进行重复配置。

依据数字电路,如果有一个 n 输入的逻辑运算,当经过"与或非"运算或者"异或"运算,其结果最多只可能存在 $2n$ 个。FPGA 原理是:当用户通过原理图或 HDL 语言描述了一个逻辑电路以后,FPGA 开发软件会通过逻辑综合(Logic Synthesis)实现该逻辑电路的寄存器传输级(RTL),并将结果实现写入 SRAM 中,每一组输入信号就等同于需要进行查表的地址值,随后开发软件会寻找出对应地址的内容,然后输出。根据这种原理,可以通过配置查找表的内容在相同电路的情况下实现不同的逻辑功能。

FPGA 在实际工作的时候要求通过编程将数据写入片内 RAM 来配置芯片工作模式,开发人员依照自己所需要的配置模式选用不同的编程方式。FPGA 配置模式有如下 4 种:

(1) 串行模式:PROM 串行配置 FPGA。

(2) 并行模式:Flash、PROM 并行配置 FPGA。

(3) 主从模式:一片 PROM 配置多片 FPGA。

(4) 外设模式:将 FPGA 作为微处理器的外设,由微处理器对其编程。

现今,最大的两家 FPGA 生产厂商 Xilinx 和 Altera 生产的 FPGA 芯片都是基于 SRAM 工艺,当需要保存程序的时候就在使用时外接一个片外存储器。上电时,FPGA 将外部存储器中的程序数据读入片内 RAM 以完成相关配置,随后芯片进入工作状态;掉电后,由于 SRAM 的掉电丢失数据的特性,FPGA 内部的逻辑消失。尽管具有掉电易失的不足,但是 FPGA 却能够反复编程使用,还无须专门的 FPGA 编程器。

1.4　掌握典型可编程逻辑器件

1.4.1　FPGA 的分类

不同厂家、不同型号的 FPGA 其结构有各自的特色,但就其基本结构来分析,大致有以下几种分类方法。

1. 按逻辑功能块的大小分类

可编程逻辑块是 FPGA 的基本逻辑构造单元。按照逻辑功能块的大小不同,可将 FPGA 分为细粒度结构和粗粒度结构两类。

细粒度 FPGA 的逻辑功能块一般较小,仅由很小的几个晶体管组成,非常类似于半定制门阵列的基本单元,其优点是功能块的资源可以被完全利用,缺点是完成复杂的逻辑功能需要大量的连线和开关,因而速度慢;粗粒度 FPGA 的逻辑块规模大,功能强,完成复杂逻辑只需较少的功能块和内部连线,因而能获得较好的性能,缺点是功能块的资源有时不能被充分利用。

近年来随着工艺的不断改进,FPGA 的集成度不断提高,HDL 的设计方法得到了广泛应用。由于大多数逻辑综合工具是针对门阵列的结构开发的,细粒度的 FPGA 较粗粒度的 FPGA 可以得到更好的逻辑综合结果,因此许多厂家开发出了一些具有更高集成度的细粒度 FPGA,如 Xilinx 公司采用 Micro Via 技术的一次编程反熔丝结构的 XC8100 系列,GateField 公司采用闪速 EPROM 控制开关元件的可再编程 GFlOOK 系列等,它们的逻辑功能块规模相对都较小。

2. 按互连结构分类

根据 FPGA 内部的连线结构不同,可将其分为分段互连型和连续互连型两类。

分段互连型 FPGA 中有不同长度的多种金属线,各金属线段之间通过开关矩阵或反熔丝编程连接。这种连线结构走线灵活,有多种可行方案,但走线延时与布局布线的具体处理过程有关,在设计完成前无法预测,设计修改将引起延时性能发生变化。

连续互连型 FPGA 是利用相同长度的金属线,通常是贯穿于整个芯片的长线来实现逻辑功能块之间的互连,连接与距离远近无关。在这种连线结构中,不同位置逻辑单元的连接线是确定的,因而布线延时是固定和可预测的。

3. 按编程特性分类

根据采用的开关元件的不同,FPGA 可分为一次编程型和可重复编程型两类。

一次编程型 FPGA 采用反熔丝开关元件,其工艺技术决定了这种器件具有体积小、集成度高、互连线特性阻抗低、寄生电容小及可获得较高的速度等优点;此外,它还有加密位、反拷贝、抗辐射抗干扰、不需外接 PROM 或 EPROM 等特点。但它只能一次编程,一旦将设计数据写入芯片后,就不能再修改设计,因此比较适合于定型产品及大批量应用。

可重复编程型 FPGA 采用 SRAM 开关元件或快闪 EPROM 控制的开关元件。FPGA 芯片中,每个逻辑块的功能以及它们之间的互连模式由存储在芯片中的 SRAM 或快闪 EPROM 中的数据决定。SRAM 型开关的 FPGA 是易失性的,每次重新加电,FPGA 都要重新装入配置数据。SRAM 型 FPGA 的突出优点是可反复编程,系统上电时,给 FPGA 加载不同的配置数据,即可令其完成不同的硬件功能。这种配置的改变甚至可以在系统的运行中进行,实现系统功能的动态重构。采用快闪 EPROM 控制开关的 FPGA 具有非易失性和可重复编程的双重优点,但在再编程的灵活性上较 SRAM 型 FPGA 差一些,不能实现动态重构。此外,其静态功耗较反熔丝型及 SRAM 型的 FPGA 高。

1.4.2 FPGA 常用芯片

目前,市场上 FPGA 芯片主要来自 Xilinx 公司和 Altera 公司。这两家公司占据着 FPGA 近80%的市场份额,其他的 FPGA 厂家产品主要是针对某些特定的应用。比如 Actel 公司主要生产反熔丝的 FPGA,以满足应用条件极为苛刻的航空、航天领域产品。

下面以 Xilinx 公司和 Altera 公司生产的常用的高低端产品为例进行介绍。

1. Xilinx 公司的代表产品

1)高端的 Virtex 系列 FPGA

以 Virtex – 5 系列为代表来介绍 Xilinx 公司的 Virtex 系列特点。Virtex – 5 系列 FPGA 提供了 4 种新平台,每种平台都在高性能逻辑、串行连接功能、信号处理和嵌入式处理性能方面进行了优化。现有的三款平台:① Virtex – 5 LX 平台是针对高性能逻辑进行了优化;② Virtex – 5 LXT 平台是针对带有低功耗串行连接功能的高性能逻辑进行了优化;③ Virtex – 5 SXT 平台是针对带有低功耗串行连接功能的 DSP 和存储器密集型应用进行了优化。

2)低端的 Spartan – 3 系列 FPGA

该系列 FPGA 的发售量已经超过 3 000 万片,是业内首款大容量 FPGA 系列产品,带有多个针对特定领域进行了优化的平台。主流的有如下几个平台:

(1)Spartan – 3A 平台:针对 I/O 模块进行了优化,这个平台适用于那些 I/O 数和性能比逻辑密度更重要的应用领域,例如桥接,或者差分信号和存储器的接口等需要宽接口或者多个接口以及一定运算处理能力的领域。

(2)Spartan – 3E 平台:针对逻辑进行了优化,这个平台是适用于逻辑密度比 I/O 数更重要的领域,例如逻辑集成、DSP 协处理和嵌入式控制等,需要进行大量运算处理,而只需要窄接口或者少量接口的领域。

(3)Spartan – 3 平台:针对密度最高和管脚数较多的应用,这个平台是适用于高逻辑密度和高 I/O 数都很重要的领域,例如高度集成的数据处理应用领域。

2. Altera 公司的代表产品

1)面向高性能的 Straitix Ⅲ系列 FPGA

与 Xilinx 的 Virtex 系列对应,Altera 公司也推出了 Straitix Ⅲ系列 FPGA 体系结构。Straitix Ⅲ系列不仅性能上比上一代提高很多,更重要的是静态和动态功耗比前代 FPGA 低了 50%。

Straitix Ⅲ器件经过设计,支持高速内核以及高速 I/O,并且具有非常好的信号完整性。例如,它能够实现 400 MHz DDR3 的 FPGA。这种性能的提高源于以下几点:增强 DSP 模块,可以方便地实现信号处理算法;优化的内部存储器,改进了信号完整性的存储器接口;高性能外部存储器接口;改进了的布线体系结构;灵活的 I/O,支持最新的外部存储器标准;为了给客户的设计应用提供最高的性价比解决方案,Altera Straitix Ⅲ FPGA 提供三种型号,分别针对逻辑、DSP 和存储器以及收发器进行了优化。

2)面向低成本的 Cyclone Ⅲ系列

FPGA 面向低成本的 Cyclone Ⅲ系列 FPGA 是 Cyclone 系列的第三代产品。Cyclone Ⅲ系列同时实现了低功耗、低成本和高性能,进一步扩展了 FPGA 在低成本、功耗敏感领域中的应用。

Cyclone Ⅲ系列 FPGA 采用 TSMC 公司的低功耗工艺技术。Cyclone Ⅲ系列的芯片和软件采取了很多的优化措施,使 Cyclone Ⅲ 系列在所有使用工艺的 FPGA 中是功耗最低的。同时在低成本和功耗敏感的应用领域,Cyclone Ⅲ 系列提供了丰富的特性来推动宽带并行处理的发展。Cyclone Ⅲ 系列包括 8 个型号,逻辑单元数量在 5 k~120 k 之间,最多有 534 个用户 I/O 引脚。同时 Cyclone Ⅲ 系列器件具有 4 MB 嵌入式存储器、288 个嵌入式 18×18 乘法器、专用外部存储器接口电路、锁相环以及高速差分 I/O 等。

项目 2　可编程逻辑器件开发描述语言 VHDL 程序设计

主要任务：

（1）了解 VHDL 硬件描述语言与 Verilog HDL 硬件描述语言的主要区别及特点。

（2）掌握 VHDL 硬件描述语言的语法规则、语句、属性描述等程序设计基础知识。

（3）掌握 VHDL 硬件描述语言程序设计的要素和设计方法。

（4）通过例题的学习，能够仿照例题编写相关的 VHDL 硬件描述语言程序。

2.1　硬件描述语言 VHDL 程序设计基础

2.1.1　VHDL 硬件描述语言与 Verilog HDL 硬件描述语言

1. VHDL 硬件描述语言

超高速集成电路硬件描述语言（Very high speed integrated circuit Hardware Description Language，VHDL）最先由美国国防部为实现自己的超高速集成电路计划而提出的，目的是要开发一种不受各厂商专用集成电路特点限制的通用硬件设计方法，使不同厂商的硬件能用一种通用的标准化语言来描述和设计。VHDL 的研究始于 1981 年 6 月，1983 年 7 月 TI、IBM、Intermetrics 公司开始共同开发这种语言及其相应的支持软件，1985 年 8 月 VHDL 的 6.2 版投入使用。1986 年 3 月，IEEE 担任 VHDL 的标准化工作，由 VHDL 语言分析和标准比组织对 VHDL 进行了审阅、改正和调整，并于 1987 年 12 月由 IEEE 定为标准，即 IEEE std 1076—1987 ［LRM87］。在此基础上，1993 年 9 月公布了新的 VHDL 版本，即 IEEE std 1076—1993 ［LRM93］。自 1988 年 9 月 30 日后，美国国防部就要求开发 ASIC 设计的合同文件中一律采用 VHDL 文档，至此各 EDA 公司相继推出自己的 VHDL 设计环境，或宣布自己的设计工具可以和 VHDL 接口，这样，VHDL 逐步演变为工业标准。VHDL 具有与具体工艺和设计方法无关的特点，它不属于某一特定的仿真工具和工业部门，设计者在此语言范围内可自由地选择工艺和设计方法。

设计一个复杂的数字系统时，可能需要成千上万条 VHDL 语句，这不仅会导致编程的困难，更会导致调试的麻烦。为此，目前已有工具将对系统模型的描述，直接转换为 VHDL，如 Xilinx 公司的 System generator 和 Altera 公司的 DSPBuilder 软件，都可嵌入在 MATLAB 软件中，将由

Simulink 产生的数学模型直接转换为 VHDL 程序,从而大大减轻了设计的工作量。

采用 VHDL 进行可编程 ASIC 设计的主要特点可概括为:

(1) 设计方便。VHDL 可以支持自顶向下和基于库的设计方法,支持同步、异步电路、FPGA 及其他电路设计。

(2) 硬件描述能力强。VHDL 具有通过多层次设计来描述系统功能的能力,可以进行从系统的数学模型直至门级电路的描述。此外,高层次的行为描述可以与低层次的寄存器传输级(RTL)描述和结构描述混合使用。VHDL 能进行系统级的硬件描述,而其他 HDL,如 Verilog、UDL/I 等能进行 IC 级、PCB 级描述,但对系统级的硬件进行描述的功能相对较差。VHDL 用简洁明确的代码描述进行复杂控制逻辑的设计,它还支持设计库和可重复使用的元件生成,且提供模块设计的创建。

(3) 不依赖器件的设计。VHDL 允许设计者生成一个设计而并不需要首先选择一个用来实现设计的器件,对于同一个设计描述,可以采用多种不同器件结构来实现其功能,若需对设计进行资源利用和性能方面的优化,也并不要求设计者非常熟悉器件的结构。由于 VHDL 是一个标准语言,故 VHDL 的设计描述可以被不同的工具所支持,可从一个模拟器移植到另一个模拟器,从一个综合工具移植到另一个综合工具,从一个平台移植到另一个平台。这意味着同一个 VHDL 设计描述可以在不同的设计项目中采用,并且这个设计可以由综合工具支持的任何器件来实现。

(4) 性能评估能力。非依赖器件的设计和可移植能力,允许设计者可采用不同的器件结构和不同的综合工具来评估设计。在设计者开始设计前,无需了解将采用何种器件,设计者可以进行一个完整的设计描述,并且对其进行综合,生成选定器件结构的逻辑功能,然后再评估结果,选用最适合设计需要的器件。为了衡量综合的质量,还可用不同的综合工具进行综合,然后对不同的结果进行分析、评估。

(5) ASIC 移植方便。如果将设计综合到 CPLD 或 FPGA,可使设计产品以最快速度上市。当产品的产量达到相当的数量时,采用 VHDL 能很容易地将对产品的设计转化成对 ASIC 的设计。VHDL 与可编程器件相结合,可大大提高数字系统单片化的速度,同时 FPGA 可使产品设计的前期风险降到最低。

2. Verilog HDL 硬件描述语言

Verilog HDL 主要经历了几个发展时期。1983 年,GDA 公司为其模拟器产品开发了一种硬件建模语言——Verilog。此后不断丰富其模拟、仿真能力使得 Verilog HDL 语言迅速发展。1989 年 Cadence 公司收购了 GDA 公司,Verilog HDL 语言成为 Cadence 公司的财产。1990 年 Cadence 公司公开了该语言并成立了一个非盈利国际组织 OVI,OVI 负责推广 Verilog HDL,并于 1995 年使其被 IEEE 接受并成为一种标准,即 Verilog HDL 1364—1995。随后,该标准不断得到更新。

Verilog HDL 和 VHDL 语言功能都非常强大,各有特点,均能很好地实现对硬件的描述,但略有区别。一般认为 Verilog HDL 在系统级抽象方面略逊于 VHDL,而在门级开关级描述方面强于 VHDL。同时,这两种语言也在不断发展,功能不断提升与完善,并且有部分交融。Verilog HDL 语言的学习较 VHDL 语言的学习更容易一些,这主要是因为 Verilog HDL 语言风格类似 C 语言,如果有 C 语言编程基础,将会很容易上手。因此,对大多数用户而言,选择 Verilog HDL 语言,还是选择 VHDL 语言,可能更多的是依赖于习惯与所处的工作环境。

Verilog HDL 语言和 C 语言在语法方面有很多相似之处,比如 Verilog HDL 中有 if-then-else 结构语句、for 语句、while 语句、break 语句,以及 int 变量类型、函数使用等,并且语言风格类似。但是 Verilog HDL 语言从根本上说是一种硬件描述语言,它和 C 语言有着本质的区别。最显著的区别在于 C 语言中程序是顺序执行的,只有执行完当前的语句,才能执行下一条语句。而 Verilog HDL 语句是并发执行的,同一时间内电路的多个支路(相当于多条语句)可能同时执行,因此,初学者往往容易概念不清,使得设计电路出现冲突。此外,硬件设计语言具有时序的概念,硬件电路输入到输出总是存在延迟,而 C 语言作为一种编程语言是没有这种概念的。

Verilog HDL 语言有其自身的特点,主要有:

(1) 内置了开关级元件。如 pmos,nmos 等,可以进行开关级建模。

(2) 内置了各种逻辑门。如 and,or,nand 等都内置在语言中,可方便地进行门级结构描述。

(3) 用户可以灵活地创建原语(UDP)。原语可以是组合逻辑的原语或时序逻辑的原语。

(4) 可以指定设计中的端口到端口的延迟时间、路径延迟时间和设计的时序检查。

(5) 可通过编程语言接口(PLI)进一步扩展。PLI 允许外部函数访问 Verilog HDL 模块内信息,允许设计者与模拟器交互。

(6) 提供强有力的文件读写能力。

3. VHDL 硬件描述语言与 Verilog HDL 硬件描述语言的比较

表 2-1 给出了 VHDL 硬件描述语言与 Verilog HDL 硬件描述语言基本特点的对比。

表 2-1 　　　　　　　　　　　　**Verilog HDL 语言与 VHDL 特点的比较**

语言种类	面向对象	强类型	可靠性	灵活性	适于军用
Verilog HDL	是	否	略弱	强	略弱
VHDL	是	是	高	略弱	是

2.1.2 　VHDL 的基本语法规则

1. VHDL 对标识符的规定

1) 标识符的命名规则

所使用的名字或名称叫标识符,如变量名、信号名、实体名、结构体名等都是通过标识符来定义和区别的,在命名这些标识符时应遵守如下规则。

（1）任何标识符的首字母必须是英文字母。

（2）用作标识符的大写英文字母和小写英文字母是没有区别的，但是用单引号和双引号括起来的字符，其大小写是不能混用的。

（3）能用作标识符的字符只有英文字母、数字和下划线"_"。

（4）使用下划线"_"时，必须是单一的，且其前后都必须有英文字母或数字。

（5）注释符用连续两个减号"--"表示。注释从"--"符号开始到该行末尾，以回车或换行符结束，编译器不对注释符后面的文字进行处理。在程序中增加注释将有利于对程序的阅读和理解。

（6）用单引号括起来的大写字母'X'表示不确定的位逻辑值，用双引号括起来的大写字母X串表示不确定的位矢量值，如"XXXX"。不确定值'X'不能用小写，也不能用其他字符代替，否则为错。

（7）使用的保留字不能作为用户命名的标识符。这些保留字包括：

architecture, package, entity, process, function, return, port, map, library, use, configuration, begin, of, is, end, in, out, inout, buffer, linkage, genericl, procedure, block, subprogram, signal, integer, bit, bit_vector, std_logic, std_logic_vector, range, to, downto, variable, constant, real, character, string, natural, positive, units, array, true, false, time, severity, level, note, warning, error, failure, recode, type, subtype, boolean, not, and, or, nand, nor, xor, mod, rem, abs, wait, assert, if, else, elsif, then, case, loop, next, exit, null, report, on, for, others, while, left, right, high, low, length, structure, behavior, component, pos, val, succ, pred, leftof, righof, current, voltage, resistance, all, event, active, last, value, delayed, stable, quiet, transaction, transport, after, attribute, generate, file, text, textio, select 等。一般在应用中，软件会以特殊颜色标注出现的保留字。

2）下标名的命名规则

下标名用于指示数组型变量或信号的某一元素。下标区间名则用于指示数组型变量或信号某一区间的元素。下标名的语句格式为：

标识符（表达式）

其中，"标识符"必须是数组型的变量或信号的名字，"表达式"所代表的值必须是数组下标范围中的一个或某一区间元素的位值。如果这个表达式是一个可计算的值，则操作数可以很容易地进行综合。如果是不可计算的，则只能在特定的情况下综合，且耗费资源较大。

2. VHDL 的数据类型

每一个对象都有一种类型且只能具有该类型的值，相同类型的对象之间才能进行所要求的操作，而且有的操作还要求位长相同。数据类型分为标准的数据类型和用户定义的数据类型及子类型，不同的数据类型之间若要进行运算、代入和赋值，必须进行数据类型的转换。VHDL 作为强类型语言的好处是使 VHDL 编译器或综合工具很容易地找出设计中的各种常见错误。各种预定义数据类型大多数体现了硬件电路的不同特性。数据类型可以分为两大类：① 标量型，包括整数类型、实数类型、枚举类型、时间类型。② 复合类型，可以由小的数据类型复合而成，如可由标量型复合而成。

1）标准的数据类型

标准的数据类型规定了 11 种。

（1）整数类型。

整数（integer）类型的范围为 $-(2^{31}-1) \sim (2^{31}-1)$，所能表达的十进制数范围为 $-2147483647 \sim 2147483647$。整数类型数据的表达方式为：

$$+1112, +3188000, -6777, 012, 2E6$$

其中，012 相当于 12，数字前的 0 不起作用；$2E6 = 2 \times 10^6$。

二进制、八进制、十六进制表示整数，需将 2、8、16 放在数字前，用两个"#"将数字括起来，如 2#111_1111#、8#377#、16#FF#。数字中间的"_"不起作用，只是为了读数方便，故 123_456 与 123456 是同一个数。

在电子系统中，整数可以作为对信号总线状态的一种抽象手段，用来准确地表示总线的某一种状态。使用整数时，不能将整数看作是位矢量，也不能按位进行访问。当需要对用整数表示的总线进行位操作时，应先用转换函数将整数转换成位矢量。

仿真器将整数类型作为有符号数处理，而综合器则将整数作为无符号数处理。在使用整数时，综合器要求必须使用关键字 range 为所定义的整数限定范围，然后根据所限定的范围来决定表示此信号或变量的二进制数的位数，因为综合器无法综合未限定范围的整数类型。

（2）自然数类型和正整数类型。

自然数（natural）和正整数（positive）类型都是整数类型的一个子类型，其取值范围都可取正整数，区别在于自然数类型数据可取零值，而正整数则不能取零值。

（3）实数类型。

实数（real）类型是一种浮点数，其取值范围为 $-1.0 \times 10^{38} \sim 1.0 \times 10^{38}$。书写时一定要有小数点。实数的例子为：

$$-1.0, +2.7, 2.5, -1.0E38$$

实数用于算法研究或实验时，作为对硬件方案的抽象手段，此时常用实数的四则运算。有些数可以用整数表示也可以用实数表示。如数字 1 的整数表示为 1，而用实数表示则为 1.0。两个数的值是一样的，但数据类型却不一样。

（4）位类型。

位（bit）数据类型用来表示数字系统中的一个位，位的取值只能是'0'或'1'，将 0 或 1 放在单引号中。位与整数中的 0 或 1 不同，它仅表示一个位的两种取值。有时也可以用显式说明位数据类型，如 bit'（'1'）。位数据与布尔量类型数据也是不同的。

（5）位矢量类型。

位矢量（bit_vector）类型是用双引号括起来的一组位数据类型，如"110001"，X"00ab"，O"456"。X表示十六进制的位矢量，O表示八进制的位矢量，常用于表示总线上各位的状态。

（6）布尔量类型。

一个布尔量（boolean）类型只有真（true='1'）和假（false='0'）两种取值，只能用于关系运算中判断关系式是否成立，成立为真，反之为假。这在 if 测试语句中常用来选择执行语句。此外，布尔量还用来表示信号的状态或总线上的情况，如果某个信号或变量被定义为布尔量，那么在仿真中将自动对其赋值进行核查，一般这一类型的数据初值总是假。

（7）字符类型。

字符（character）类型的数据是用单引号括起来的单字符号，在包集合 standard 中给出了预定义的 128 个 ASCⅡ码字符类型。如'A'，'P'，'z'。由于 VHDL 对大小写不敏感，所以程序中出现的大写字母和小写字母被看作是一样的，但对于字符类型的数据的大小写则认为是不一样的。字符'1'与整数 1 和实数 1.0 也是不相同的。当要明确指出 1 的字符数据时，则可显式地写为 character'('1')。

（8）字符串类型。

字符串（string）类型的数据是由双引号括起来的一个字符序列，也称为字符矢量或字符串数组。如"string long"，字符串常用于程序的提示和说明。

（9）文件类型。

文件（file）类型可用来传输大量数据，文件中可包括各种数据类型的数据。用 VHDL 描述时序仿真的激励信号和仿真波型输出，一般都要用文件类型。

（10）行类型。

行（1ine）数据类型用于对文件的输入输出处理，它可存放文件中一行的数据。在 IEEE1076 标准中的 TEXIO 程序包中定义了几种文件 I/O 传输方法，调用这些程序就能完成数据的传输。

（11）错误等级类型。

错误等级（severity level）类型数据用来表示系统的状态，总共有注意（note）、警告（warning）、出错（error）、失败（failure）4 种。在系统仿真中，可以用这 4 种状态来提示系统当前的工作情况。

上述 11 种数据类型是 VHDL 中标准的数据类型，在编程时可以直接引用。此外，许多厂商在包集合中对标准数据类型进行了扩展，如有的增加了数组数据等。

由于 VHDL 属于强类型语言，在仿真过程中，首先要检查赋值语句中的类型和区间，任何一个信号和变量的赋值必须落入给定的约束区间中。约束区间的说明通常跟在数据类型声明的后面。如：

integer range 100 downto 1;　　　--整型数据的可用区间为 100~1

bit_vector(3 downto 0);   --位矢量数据的位数为 4 位

real range 2.0 to 23.0;   --实数型数据的可用区间为 2.0~23.0

在确定约束数据的取值范围时,用关键字 range 指明,在表示数据的增、减方向时,用 to 和 downto 指明。对位矢量的取值范围不用关键字 range,但要用圆括号将数据的取值括起来。用 to 和 downto 的区别是: to 表示数据左边的位为低位或较小的数据,右边的位为高位或较大的数据;而 downto 则与此相反,左边的位为高位或较大的数据,右边的位为低位或较小的数据。

2) 用户定义的数据类型

在进行编程时,除可以使用标准的数据类型外,为便于阅读和对数据进行管理,用户还可以自己定义数据类型。用户自己定义的数据类型常用在 architecture,entity,process,package,subprogram 的声明部分。用户定义的数据类型一般格式为:

type 数据类型名[,数据类型名] 类型定义;

类型定义包括标量类型定义、复合类型定义、存取类型定义、文件类型定义。其中,标量类型定义指枚举(enumerated)类型定义、整数(integer)类型定义、实数(real)类型定义、浮点(floating)类型定义、物理量类型定义。复合类型定义指数组类型和记录类型。

(1) 枚举类型。

枚举(enumerated)类型是用符号名来代替数字,它的可能值应明确地列出,这有利于对程序的阅读。枚举类型定义可以进行综合,其定义格式为:

type 数据类型名 is(元素,元素,…);

其中,type 和 is 为用户定义数据类型的关键字。进行枚举类型定义时,用圆括号列举被定义的各元素,如(元素,元素,…)。列举的元素可以是文字、标识符或者一个字符文字,字符文字是单个可印刷的 ASCⅡ字符。如: 'A','b','8',',','%','@'。

标识符是不分大小写的,但字符文字则有大小写之分。如:

type std_logic is('U','X','0','1','Z','W','L','H','-');

程序在处理枚举类型时,从前向后对它们的位置进行编序,'U'的位置序号为 0,其他的位置序号分别为 1,2,3,4,5,6,7,8。

(2) 整数类型与实数类型。

用户定义的整数(integer)类型与实数(real)类型不同标准整数类型与实数类型,它属于它们的子集,其格式为:

type 数据类型名 is 标准的数据类型 约束范围;

如:

type dgt is integer range −10 to 10;   --定义 dgt 是范围为−10~10 的整型

type cct is real range 0.0 to 10.0；　　　　　　--定义 cct 是范围为 0.0~10.0 的实型

（3）数组类型。

数组(array)类型是将相同类型的数据集合在一起形成的一个新的数据类型,它可以是一维的或多维的。数组定义的表达方式为:

type 数据类型名 is array 范围 of 原数据类型;

原数据类型名指新定义的数据类型中每一个元素的数据类型。如果没有指定范围是采用何种数据类型,则默认使用整数数据类型来说明范围,如:

type word is array (31 downto 0) of std_logic；--定义 32 个元素数组

范围(31 downto 0)没有指明其数据类型,因此被默认为使用了整数数据类型。若范围这一项需用整数以外的其他数据类型时,则在指定数据范围前应加数据类型名。如:

type word is array (integer 1 to 8) of std_logic；　　　　--用整型指定范围类型

type instruction is (add,sub,inc,srl,srf,lda,ldb,xfr)；　　--枚举类型

subtype digit is integer 0 to 9；　　　　　　　　　　　--子类型 digit 为 0~9 范围的整型

type insflag is array (instruction add to srf) of digit；　--用 instruction 指定范围类型

std_logic_1164 包集合中定义的 std_logic_vector 也属于数组类型,它是标准的一维数组,数组中的每一个元素的数据类型都是标准逻辑位 std_logic。其定义为:

type std_logic_vector is array (natural range< >) of std_logic；

这里范围由 natural range< >指定,这是一个没有范围限制的数组,在这种情况下,范围由信号或变量声明语句确定。如:

signal busrange:std_logic_vector(0 to 3)；　　　　--(0 to 3)代替 natural range< >

在函数和过程的语句中,若使用无限制范围的数组,其范围一般由调用者所传递的参数来确定。

多维数组需要用两个以上的范围来描述,而且多维数组不能生成逻辑电路,因此只能用于生成仿真图形及硬件的抽象模型。

（4）时间类型。

时间(time)类型属于典型的物理量类型,对物理量类型的描述涉及数字和单位两个部分,两者中间隔一个空格。如 30 s(30 秒)、20 m(20 米)、2 kΩ(2 千欧姆)、40 A(40 安培),综合器不接受物理量这类文字类型数据,唯一的预定义物理量类型是时间类型。在包集合 standard 中给出了时间的预定义,其单位为 fs,ps,ns,μs,ms,sec,min,hr,如 30 μs,430 ns,8 sec。在系统仿真时,时间数据用于表示信号延时,从而使模型系统能更逼近实际系统的运行环境。所有物理

量类型不能进行综合。对时间类型定义的表达方式为：

　　type 数据类型名 is 范围;

　　units 基本单位;

　　单位;

　　end units;

　　在 standard 程序包中对时间的定义为：

　　type time is range −1E(−18) to 1E18,

　　units 　fs;

　　　　　　ps = 1000 fs;

　　　　　　ns = 1000 ps;

　　　　　　μs = 1000 ns;

　　　　　　ms = 1000 μs;

　　　　　　sec = 1000 ms;

　　　　　　min = 60 sec;

　　　　　　hr = 60 min;

　　end units;

　　（5）记录数据类型。

　　记录（record）数据类型定义的表达方式为：

　　type 数据类型名 is record

　　元素名: 数据类型名;

　　元素名: 数据类型名;

　　……

　　end record;

　　从记录数据类型中提取元素数据时应用'.'进行分隔，即为记录数据类型名.元素名。记录是将不同类型的数据组织在一起而形成的新类型，而数组则是同一类型数据的集合，即记录中元素的数据类型可以不同，而数组中元素的数据类型必须相同，这是两者的区别。

　　3）用户定义的子类型

　　将用户已定义的数据类型作一些范围限制就形成用户定义的子类型。子类型定义的一般格式为：

　　subtype 子类型名 is 源数据类型名［范围］;

　　如：

subtype digit is integer range 0 to 9;   --digit 是 integer 的子类型

subtype addrbus is std_logic_vector(7 downto 0);   --addrbus 是逻辑矢量子类型

4）别名的使用

使用别名(alias)可来代替对现有信号、变量、常数或文件对象的声明,也可用来对除标签、循环参数、生成语句参数外的几乎所有先前声明过的非对象进行声明。别名本身并不定义新的对象,它只是给现有的对象分配一个特定的名称。别名主要用来提高对矢量某些特定部分的可读性。当一个别名表示的矢量的特定部分没有被声明为子类型时,别名表示的内容可当作子类型看待。如：

signal instruction:bit_vector(15 downto 0);

alias opcode:bit_vector(3 downto 0) is instruction(15 downto 12);

alias source:bit_vector(1 downto 0) is instruction(11 downto 10);

alias destin:bit_vector(1 downto 0) is instruction(9 downto 8);

alias immdat:bit_vector(7 downto 0) is instruction(7 downto 0);

这里首先声明的信号 instruction 是一个 16 位的位矢量信号,然后使用别名 opcode,source, destin,immdat 来分别代表该信号的 15~12,11~10,9~8,7~0 位,用别名可当作子类型声明,这样可使得对这些位的阅读更简单明了。

别名还可表示与原对象矢量相反的位置顺序的子类型。如：

signal databus:bit_vector(31 downto 0);

alias firstnibble:bit_vector(0 to 3) is databus(31 downto 28);

这里 firstnibble 可看作信号 databus 的子类型,firstnibble(0 to 3)与 databus(31 downto 28)相等,两者的顺序相反,firstnibble(0 to 3) = databus(31)。

5）预定义标准数据类型

IEEE 预定义标准逻辑位与标准逻辑矢量类型如下。

(1)标准逻辑位数据类型。

早期标准中,用数据类型 bit 来表示逻辑型的数据类型。这类数据取值只能是 0 和 1,由于该类型数据不存在不确定状态'X',故不便于仿真。而且由于它也不存在高阻状态,因此也很难用它来描述双向数据总线。为此在 IEEE 1993 年制定的新标准(IEEE STDll64)中,对 bit 数据类型进行了扩展,定义了标准逻辑位(std_logic)数据类型,它除具有传统 bit 数据类型的 0,1 值外,还可表示更多的情况。std_logic 数据类型可以具有 9 种不同的取值。如用'U'表示初值,'X'表示不确定值,'0'表示低电平 0,'1'表示高电平 1,'Z'表示高阻,'W'表示弱的信号不确定,'L'表示弱的信号低电平 0,'H'表示弱的信号高电平 1,'−'表示不可能的情况。由于标准逻辑位数据类型的多值性,在编程时应当特别注意,因为在条件语句中,如果未考虑到 9 种可能的情况,有的综合器可能会插入不希望的锁存器。

（2）标准逻辑矢量数据类型。

标准逻辑矢量（std_logic_vector）数据类型是定义在 std_logic_1164 程序包中的标准一维数组,数组中的每一个元素的数据类型都是标准逻辑位数据类型。

std_logic 和 std_logic_vector 是 IEEE 预定义的标准逻辑位与位矢量数据类型,因此将它归属到用户定义的数据类型中。在赋值时只能在有相同位宽、相同数据类型的矢量间进行赋值。当使用该类型数据时,在程序中必须写出库声明语句和使用包集合的说明语句,如:

```
library IEEE;                    --声明所使用的库为 IEEE 库
use IEEE.std_logic_1164.all;     --声明使用 std_logic_1164 包集合的全体
```

（3）无符号类型、有符号类型。

综合工具配带的扩展程序包中,定义了一些有用的类型,如 Synopsys 公司在 IEEE 库中加入的程序包 std_logic_arith 中定义了无符号（unsigned）类型、有符号（signed）类型和小数（small_int）类型。如果将信号或变量定义为这几种数据类型,就可以使用该程序包中定义的运算符。在使用前应做定义:

```
library IEEE;                    --声明所使用的库为 IEEE 库
use IEEE.std_logic_arith.all;    --声明使用 std_logic_arith 包集合的全体
```

unsigned 类型和 signed 类型是用来设计可综合的数学运算程序的重要类型,unsigned 类型用于无符号数的运算,signed 类型用于有符号数的运算,小数类型为 0~1 之间的数。

在 IEEE 库中,numeric_std 和 numeric_bit 程序包中定义了 unsigned 类型和 signed 类型,numeric_std 是针对 std_logic 型定义的,而 numeric_bit 是针对 bit 型定义的。在程序包中还定义了相应的运算符重载函数。

① 无符号数数据类型。

无符号数（unsigned）数据类型代表一个无符号的数值,在综合器中,这个数值被解释为一个二进制数,最左位是其最高位。这样,一个十进制数 8 可表示为 unsigned'（"1000"）。如果定义一个变量或信号的数据类型为 unsigned,则其位长度越长,所能代表的数值就越大。0 是其最小值,不能用 unsigned 定义负数。无符号数据类型的定义示为:

```
variable var:unsigned(0 to 7);      --声明变量 var 为 8 位无符号数据类型
signal sig:unsigned(3 downto 0);    --声明信号 sig 为 4 位无符号数据类型
```

其中,变量 var 有 8 位二进制数值,最高位为 var(7),而非 var(0),信号 sig 有 4 位二进制数,最高位为 sig(3)。

② 有符号数数据类型。

有符号数（signed）数据类型代表一个有符号的数值,综合器将其解释为补码,此数的最高位是符号位。如 signed'("0101")代表+5,signed'("1101")代表−5。有符号数据类型的定义示为：

variable var:signed(0 to 7);　　　--声明 var 为 8 位有符号数据类型

signal sig:signed(3 downto 0);　　--声明 sig 为 4 位有符号数据类型

其中,变量 var 有 8 位二进制数值,最高位为 var(7)是符号位,最高有效数据位为 var(6),信号 sig 最高位 sig(3)也是符号位。

6) 数据类型的转换

在进行数据处理时,不同类型的数据是不能直接进行代入和运算的,要进行不同类型数据间的代入和运算,必须先将它们变换为相同的数据类型。如在 std_logic_1164、std_logic_arith、std_logic_unsigned 包集合中提供有数据类型变换函数。表 2−2 列出了部分的类型转换函数。

表 2−2　　　　　　　　　　　　　　　　数据类型转换

函　数　名	功　　能
numeric_std 包集合： to_signed(integer,位长) to_unsigned(integer,位长) to_integer(signed) to_integer(unsigned)	 由整型转有符号数 由整型转无符号数 由有符号数转整型 由无符号数转整型
std_logic_1164 包集合： to_std_ulogic(bit) to_std_logic_vector (bit_vector) to_std_ulogic_vector(bit_vector) to_bit_vector(std_logic_vector) to_std_ulogic_vector(std_logic_vector) to_bit(std_ulogic) to_bit_vector(std_ulogic_vector) to_std_logic_vector(std_ulogic_vector) to_std_logic(bit) to_bit(std_logic)	 由 bit 转换为 std_ulogic 由 bit_vector 转换为 std_logic.vector 由 bit_vector 转换为 std_ulogic_vector 由 std_logic_vector 转换为 bit_vector 由 std_logic_vector 转换为 std_ulogic_vector 由 std 转换为 bit_ulogic 由 std_ulogic_vector 转换为 bit_vector 由 std_ulogic_vector 转换为 std_logic_vector 由 bit 转换为 std_logic 由 std 转换为 bit_logic
std_logic.arith 包集合： conv_signed(integer,位长) conv_std_logic_vector(integer,位长) conv_unsigned(integer,位长) conv_integer(signed 或 unsigned) conv_std_logic_vector(signed,位长) conv_unsigned(signed,位长) conv_signed(std_ulogic,位长) conv_unsigned(std_ulogic,位长)	 由 integer 转换为 signed 由 integer 转换为 std_logic_veetor 由 integer 转换为 unsigned 由 signed 或 unsigned 转换为 integer 由 signed 转换为 std_logic_vector 由 signed 转换为 unsigned 由 std_ulogic 转换为 signed 由 std_ulogic 转换为 unsigned

续表

函　数　名	功　　能
std_logic_signed 包集合： conv_integer(std_logic_vector)	由 std_logic_vector 转换为 integer
std_logic_unsigned 包集合： conv_integer(std_logic_vector)	由 std_logic_vector 转换为 integer

3. VHDL 的对象描述

对象是 VHDL 程序中可以被赋值的目标。根据向对象赋值的方式的不同以及所产生的效果的不同,可将对象分为信号、变量、常数和文件 4 种类型。其中,信号和变量可以被连续赋值,常数只能在最初声明时被赋值一次,以后永远保持该值不变。文件不能被直接赋值,只能通过函数对文件中的信号进行读写操作。

1) 信号的声明与赋值

信号是给电路内部硬件连接线所取的名字,电路内部各元件之间交换的信息只能通过信号传送。信号没有方向性,用于声明全局量。信号对连接线定义的名称可以在整个程序中有效。信号具有属性,可利用信号的属性存取过去、当前的数值。信号用在 architecture,package,entity 中。使用信号时,必须先对信号进行声明,然后才能使用。通常在结构体中的 architecture 与 begin 之间对信号进行声明。

(1) 信号声明语句的格式。对信号进行声明的语句格式为：

signal 信号名：数据类型　[约束条件];

其中,关键字 signal 表示该语句为声明信号的语句,信号名是为某一特定信号指定的专用名称,在一个程序中信号名不能重复,它是在整个程序中有效的全局量。信号名后面用冒号分隔对信号的描述。对信号的描述包括数据类型和约束条件。其中对信号类型的描述是必须有的,方括号中的约束条件可以省略(注意:后面的表示相同,不再赘述),还可用约束条件给信号赋值或指出信号的值可以出现的范围。信号声明语句末尾必须以分号结束。

[例 2 - 1] 信号声明实例

signal sg_1：boolean;	--sg_1 是布尔型信号,只能取真、假值
signal sg_2：integer range 0 to 31;	--sg_2 是整数型信号,取值范围为 0~31
signal sg_3：bit;	--sg_3 是位型信号,取值为 0,1
signal sg_4：bit<=‘0’;	--sg_4 是位型信号,并赋初值 0
signal sg_5：bit_vector(2 downto 0);	--sg_5 是位矢量型,取值范围为 000~111
signal sg_6：std_logic;	--sg_6 是逻辑型,取值通常有 9 种
signal sg_7,sg_8：std_logic_vector(0 to 3);	--sg_7,sg_8 是逻辑矢量型

如果有相同类型和约束条件的信号需要声明,可在一个信号声明语句中,列出多个信号名,它们之间用逗号隔开,如例1中对 sg_7,sg_8 的声明。

例 2-1 对信号的声明中,signal,range,to,downto 为比较重要的保留字,软件开发工具会用特殊颜色进行强调。

（2）信号赋值语句的格式。信号可以被连续赋以新值,其赋值又称代入,用代入符“<=”表示。信号的赋值语句表达式为:

目标信号名<=表达式;

其中,目标信号名指将要被赋值的信号,表达式可以是一个运算表达式,也可以是变量、信号或常量这样的数据对象,而且在赋值时可以设置延时量。

对信号的赋值是按仿真时间进行的,到了规定的仿真时间才进行赋值。因此目标信号获得传入的数据并不是程序运行到该语句时就立即赋值的,即使是不作任何显式表达的零延时,也要经历一个特定的 δ 延时。故符号“<=”两边的数值并不总是一致的,这与实际器件中信号的传播延迟特性是吻合的。

2）变量的声明与赋值

变量表示暂时存放数据的临时存储体。变量是局部量,给变量取的名称只能在某一范围内有效,因此在另一范围可以取相同名字的变量。信号则不能,一个信号名只能在程序中被定义一次,因为信号是全局量。变量只能用在进程、函数语句和过程语句中作为局部的数据存储体。对变量的使用也需要遵守“先声明、后使用”的原则。通常在进程中的 process 与 begin 之间对变量进行声明。

（1）变量声明语句的格式。对变量进行声明的语句格式为:

variable 变量名:数据类[约束条件:=表达式];

其中,关键字 variable 表示该语句为定义变量的语句,变量名是为某一特定变量指定的专用名称。由于变量是局部量,在不同的进程、函数和过程中,可以定义相同的名,它们的作用域仅在它们被定义的局部域中。在嵌套程序中,若内外层都定义有相同的变量名,则内层程序会使用内层所定义的变量名,当程序执行退到外层时,内层变量的值会释放并使用外层变量。变量名后面用冒号分隔对变量的描述。对变量的描述包括数据类型和约束条件。其中对变量类型的描述不能少,还可用约束条件给变量赋值或指出变量的值可以出现的范围,变量说明语句末尾必须以分号结束。

如果有相同类型和约束条件的变量需要声明,可在一个变量声明语句中,列出多个变量名,它们之间用逗号隔开。

（2）变量赋值语句的格式。变量可以被连续赋以新值,对变量的赋值用“:=”,以区别于对信号的赋值。变量的赋值语句表达式为:

目标变量名∶=表达式；

其中，目标变量名指将要被赋值的变量，变量数值的改变是通过变量赋值来实现的，赋值语句右边的表达式所给出的数值必须与目标变量名具有相同的数据类型，这个表达式可以是一个运算表达式，也可以是一个数值，也可以是变量、信号或常量这样的数据对象。变量赋值语句左边的目标变量可以是单值变量，也可以是一个变量的集合，如位矢量类型的变量。

由于对变量的赋值是立即发生的，不能产生附加延时，因此不能给变量赋值设置时延。如有变量 tmpl，tmp2，tmp3，则：

tmpl∶=（tmp2+tmp3）after 10 ns；--延迟 10 ns 后将（tmp2+tmp3）赋给 tmp1

将被认为是错误的，因为变量赋值不能有延时。

信号与变量有许多类似的地方，如都要被赋值，都有数据类型等，但它们不是一回事，不能用错，其区别可归结为：

① 赋值形式不同。信号代入语句采用"<="代入符，而变量赋值采用"∶="。

② 信号赋值至少有 δ 延迟，δ 可为零，因此即使代入语句被执行也不会立即发生代入，当下一条语句执行时，仍使用原来的信号值，由于信号代入语句是同时进行处理的，因此实际代入过程和代入语句的处理是分开进行的。变量在赋值时没有延迟，同一变量的值将随变量赋值语句前后顺序的运算而改变。

③ 信号除当前值外，还有许多相关信息，如历史信息、投影波形等，变量只有当前值。

④ 进程对信号敏感而不对变量敏感，因此变量出现在进程敏感量清单中是没有作用的，不能启动进行执行。

⑤ 信号可以是多个进程的全局信号，而变量只能在定义它们的顺序域。

⑥ 信号是硬件中连线的抽象描述，而变量无类似的对应关系。

3）常数的声明与赋值

常数表示固定不变的量，常数的值在整个程序中不能被改变。常数相当于电路中的恒定电平，如 GND 或 Vcc 接口。由于常数不能在使用时赋新值，故它的值是在常数被声明时赋予的，即在程序开始前进行常数的类型声明和赋值。通常在 architecture 与 begin 之间对常数进行声明。

（1）常数声明语句的格式。对常数进行声明的语句格式为：

constant 常数名∶数据类型∶=表达式；

其中，关键字 constant 用于声明该语句为常数声明语句，常数名在程序中是唯一的，不能重复，它作用于所定义的域内。如在实体中声明，则在整个实体中有效。然而，如果常数是在子程序中被声明的，则它在每次子程序调用时要重新计算，而在子程序执行期间则保持不变。常数名后面用冒号分隔对常数的描述。对常数的描述只有数据类型和赋值表达式，并且赋值是必须有的。常数说明语句末尾必须以分号结束。常数声明语句可存在于实体、结构体、程序包、块、进程、函数和子程序中。

（2）常数赋值语句的格式。常数只能在被声明时被赋值，对常数的赋值用"：＝"，这与对变量的赋值相同。常数的赋值语句表达式为：

目标常数名：＝表达式；

其中，目标常数名指将要被赋值的常数，赋值语句右边的表达式所给出的数值必须与目标常数名具有相同的数据类型，这个表达式可以是一个运算表达式，也可以是一个数值。

4）文件的说明与赋值

文件指以 ASCⅡ码文本的形式进行数据的输入、输出处理的存储体。不同于前述的信号、变量和常数，文件作为对象不能进行直接赋值，只能通过函数对文件中数据进行存取。文件对象不能被综合，所以是程序描述的非综合部分，主要被用于测试文件中。

（1）文件声明语句的格式。文件进行声明的语句格式为：

file 文件对象名：text is 方向（in 或 out）"ASCⅡ码格式的文本文件"；

其中，关键字 file 用于声明该语句为文件声明语句，文件对象名用于存放计算机中以 ASCⅡ码格式表达的文本文件的名字，使程序在此后的执行中用此处所定义的文件对象名来代替计算机当前目录下以 ASCⅡ码格式描述的文本文件。在整个程序执行过程中该文件对象名是唯一的，不能重复，是一个全局量。文件名后面用冒号分隔对文件的描述。text is 是固定格式，在后面用 in 或 out 指明数据被传送的方向。ASCⅡ码文本文件指 PC 中以 ASCⅡ码格式表达的文本文件的名字，该文件必须在当前目录下。如：

file myfilein：text is in "test.txt"；　　--声明 myfilein 为输入文件

此处的 myfilein 是由 file 定义的文件对象名，in 指明 myfilein 是一个只能从 test.txt 中读出 ASCⅡ码格式表达的数据的文件，而不能写入。test.txt 表示 PC 中当前目录下的一个以 ASCⅡ码格式描述的文本文件。在此处进行了文件的声明以后，就用 myfilein 来代替 test.txt 进行读数据操作。再如：

file myfileout：text is out "data.txt"；　　--声明 myfileout 为输出文件

这里的 myfileout 是由 file 定义的文件对象名，out 指明 myfileout 是一个只能向其写入数据的文件，而不能从中读取数据。data.txt 表示 PC 中当前目录下的一个以 ASCⅡ码格式描述的文本文件。在此处进行了文件的说明以后，就用 myfileout 来代替 data.txt 进行写数据操作。

对文件中数据进行读写操作前应先打开文件，如：

file 文件对象名：text open read_mode is "目录+文件名.扩展名"；
file 文件对象名：text open write_mode is "目录+文件名.扩展名"；

也可用函数打开文件，使用方法为：

file_open([文件状态指示变量],文件对象名,"目录+文件.扩展名",read_mode);

文件状态指示变量是可选的,其定义方法为:

variable 文件状态变量:file_open_status;

如:

variable fstatus:file_open_status;　　　　　　--定义文件状态指示变量 fstatus

使用完文件应关闭,如:

fileclose(myfilein);

(2) 对文件中数据的读写操作。

① 从文件中读一行数据。由于不能直接给文件赋值,因此对文件的读写操作只能利用文件读写函数来间接完成数据的处理。从文件中读一行数据的格式为:

readline(文件名,行类型变量);

readline 是从文件中读取一行数据的函数,用于从文件名所指定的以 ASCⅡ 码格式描述的文本文件中读取一行的内容放入行类型变量指定的单元中。

[例 2-2]从文件名所指定的文件中读取一行的内容放入行变量指定的单元中。

variable livar:line;　　　　　　　　　--声明行类型的变量 livar
file myfile:text is in "testin.txt";　　　--myfile 是与 testin.txt 相同的文件
readline(myfile,livar);　　　　　　　--从 myfile 的文件中读取一行的数据到 livar

例 2-2 中,读入文件 testin.txt 中第一行的内容放入行变量 livar 中,如果再添一句 readline,则读入 testin.txt 文件的第二行中的内容。

② 从一行中读一个数据。文件的一行中通常可以放置多个不同类型的数据,为了从一行中取出所需要的数据,应使用过程语句 read。从一行中读一个数据格式为:

read(行类型变量,数据变量);

read 语句是一个定义在 std_logic_textio.vhd 中的一个过程语句,用于从一行中取出一个数据,将其存放到数据变量或信号中。

[例 2-3]从一行中取出一个数据,将其存放到数据变量和信号中。

variable lvar:line;　　　　　　　　　　--声明行类型的变量 lvar
signal clk:std_logic;　　　　　　　　　--声明信号 clk 为标准逻辑类型
signal din:std_logic_vector(7 downto 0);　--声明 din 为标准逻辑矢量类型
read(lvar,clk);　　　　　　　　　　　　--取 lvar 行变量第一列的数据赋给信号 clk

read(lvar,din);   --取 lvar 第二列的 8 位数据赋给信号 din

③ 写一行到输出文件。要向文件写入数据,应使用行写入函数。格式为:

writeline(文件名,行类型变量);

writeline 函数用于将行类型变量指定的存储单元中存放的一行数据的内容写入到文件名所指定的文件中。

[例 2-4]将行类型变量指定的单元中存放的一行数据写入到文件名所指定的文件中。

variable lovar:line;   --声明行类型的变量 lovar

file outfile:text is out "testout.txt";   --outfile 与 testout.txt 相同

writeline(outfile,lovar);   --将变量 lovar 中的数据写入到 outfile 文件

该例中,将行类型变量 lovar 中的数据写入到 outfile 所指定的文件 testext.out 中。

④ 写一个数据到一行中。要将数据写入文件中的一行中,可使用过程语句 write。写数据到一行中的格式为:

write(行类型变量,数据变量);

write 语句用于将一个数据写到某一行中,它是 std_logic_textio.vhd 文件中定义的一个过程语句。

如按十六进制写时,写语句应以 h 为前缀,即写为 hwrite,如按八进制写时,则应以 o 为前缀,写为 owrite 等。另外,写语句的格式也有相应变化。如将 write 修改为:

write(行类型变量,数据变量,起始位置,字符数);

其中,起始位置有 left 和 right 两种选择。left 表示从行的最左边对齐开始写入,right 表示从行的最右边对齐写入。

[例 2-5]写一个数据到文件的一行中。

variable lovar:line;   --声明行类型的变量 lovar

signal dout:std_logic_vector(7 downto 0);   --声明 dout 为 8 位标准逻辑矢量

write(lovar,dout,left,8);   --将 8 位 dout 信号写入 lovar 指定行的最左边

(5)文件结束检查

检查文件是否结束,可用 endfile 函数,其格式为:

endfile(文件名);

该语句检查文件是否结束,如果检出文件结束标志,则返回"真"值,否则返回"假"值。

标准格式中,有一个预先定义的包集合 textio,它按行对文件进行处理,一行为一个字符串,并以回车、换行符作为行结束符。在使用该包集合时要必须先进行声明。

使用的声明语句为：

library STD；　　　　　　　　--声明程序要用到标准库 STD

use STD.textio.all；　　　　　　--声明程序要用到标准库 STD 中的包集合 textio

但在 VHDL 语言的标准格式中，textio 只能使用 bit 和 bit_vector 两种数据类型，如要使用 std_logic 和 std_logic_vector 就要调用 IEEE 库中的包集合 std_logic_vector_textio。这时应使用下面的声明语句：

library IEEE；　　　　　　　　　　　--声明程序要用到 IEEE 库

use IEEE.std_logic_vector_textio.all；　　--声明包集合 std_logic_vector_textio

4. VHDL 的运算操作符

运算操作符包括逻辑运算、关系运算、算术运算和并置运算 4 类。此外还有重载操作符，前 3 类是基本的操作符，重载操作符是对基本操作符做了重新定义的函数型操作符。逻辑运算符对 bit 或 boolean 型的值进行运算，由于 std_logic_1164 程序包重载了这些算符，因此这些逻辑运算符也可用于 std_logic 型数值。运算时操作数的类型应与操作符要求的类型一致，并按操作符的优先级顺序进行运算。其优先次序如表 2-3 所示。

1）逻辑运算符

逻辑运算符有 6 种，包括 not（逻辑取反）、and（与）、or（或）、nand（与非）、nor（或非）、xor（异或）。这 6 种逻辑运算可以对 std_logic 和 bit 等逻辑型数据、std_logic_vector 逻辑型数组及布尔型数据进行逻辑运算。运算符的左右两边没有优先级差别，如果逻辑表达式中只有 and，or，xor 中的一种，那么改变运算顺序将不会导致逻辑的改变，否则应用括号指明运算的顺序。如：

y<=（（not a）and b）or（c and d）；

y<=（（a nand b）nand c）nand d；

y<=（a and b）or（c and d）；

在 VHDL 中由于没有自左至右的优先级顺序的规定，上例中如去掉括号则从语法上来说没有什么错误，但 y 所得到的结果与加上括号时的结果完全不同。

2）算术运算符

算术运算符有 10 种（表 2-3），包括：+（加）、-（减）、*（乘）、/（除）、mod（求模）、rem（取余）、+（取正）、-（取负）、* *（指数）、abs（取绝对值）。其中+（取正）、-（取负）为一元运算符，它的操作数可以为任何数值类型，如整数、实数、物理量。加法和减法的操作数也可为任何数值类型，且参加运算的操作数的类型也必须相同。乘、除法的操作数可以同为整数和实数。物理量可以被整数或实数相乘或相除，其结果仍为一个物理量。物理量除以同一类型的物理量即可得到一个无量纲的数。求模和取余的操作数必须是一个整数类型数据。一个指数的运算符的左操作数可以是任意整数或实数，而右操作数应为一个整数，只有在左操作数是实数时，右操作数才可以是负整数。

表 2-3 运算操作符的优先级

运算操作符类型	操作符	功 能	操作数的数据类型	优先级
逻辑运算符	and	逻辑与	bit, boolean, std_logic	低
	or	逻辑或	bit, boolean, std_logic	
	nand	逻辑与非	bit, boolean, std_logic	
	nor	逻辑或非	bit, boolean, std_logic	
	xor	逻辑异或	bit, boolean, std_logic	
关系运算符	=	等号	任何数据类型	
	/=	不等号	任何数据类型	
	<	小于	枚举与整数类型,及对应的一维数组	
	>	大于	枚举与整数类型,及对应的一维数组	
	<=	小于等于	枚举与整数类型,及对应的一维数组	
	>=	大于等于	枚举与整数类型,及对应的一维数组	
移位运算符	sll	逻辑左移	bit 或 boolean 型一维数组	
	sla	算术左移	bit 或 boolean 型一维数组	
	srl	逻辑右移	bit 或 boolean 型一维数组	
	sra	算术右移	bit 或 boolean 型一维数组	
	rol	逻辑循环左移	bit 或 boolean 型一维数组	
	ror	逻辑循环右移	bit 或 boolean 型一维数组	
加、减、并置运算符	+	加	整数	
	−	减	整数	
	&	并置	一维数组	
正、负运算符	+	正	整数	
	−	负	整数	
乘、除、求模、取余运算符	*	乘	整数和实数(包括浮点数)	
	/	除	整数和实数(包括浮点数)	
	mod	求模	整数	
	rem	取余	整数	高
指数、abs、not 运算符	**	指数	整数	
	abs	取绝对值	整数	
	not	取反	bit, boolean, std_logic	

在 10 种算术运算符中,真正能够进行逻辑综合的算术运算符只有+(加)、-(减)、*(乘)能得到整数结果的/(除)。乘法综合时占用的逻辑门电路会比较多。对运算符/,mod,rem,当可以被除尽时,逻辑电路综合是可能的。若对 std_logic_vector 进行+(加)、-(减)运算时,两边的操作数和代入的变量位长如不同,则会产生语法错误。另外,* 运算符两边的位长相加后的值和要代入的变量的位长不相同时,同样会出现语法错误。

3) 移位运算符

移位操作符有 6 种,包括 sll,sla,srl,sra,rol,ror,完成 bit 或 boolean 型一维数组的移位操作。其中 sll 是将位矢量向左移,右边跟进的位补零,srl 是将位矢量向右移,左边跟进的位补零,rol 和 ror 则将移出的位依次填补移空的位,执行的是自循环移位方式,sla 和 sra 是算术移位操作符,其移空位用最初的首位来填补。

[例 2-6] 对常数“00000001”按输入 a 进行移位后赋值给输出 b。

```
library IEEE;                              --声明使用库 IEEE
use IEEE.std_logic_1164.all;               --声明使用 std_logic_1164 包
use IEEE.std_logic_arith.all;              --声明使用 std.logic.arith 包
use IEEE.std_logic_unsigned.all;           --声明使用 std_logic_unsigned 包
entity ex2_6 is                            --声明实体名为 ex2_6
port(a:in std_logic_vector(2 downto 0);    --声明实体输入端口 a
        b:out bit_vector(7 downto 0));     --声明实体输出端口 b
end ex2_6;                                 --结束对实体的声明
architecture behavioral of ex2_6 is        --声明结构体名为 behavioral
begin                                      --声明结构体开始
    b<= "00000001" sll conv_integer(a);    --将输入 a 转换为整数并以此左移数据
end behavioral;                            --声明结构体结束
```

在进行移位操作时,应在程序包声明中加入 IEEE.numeric_std.all 程序包。此外移位操作符左边表示的操作数是将被移位的二进制类型的矢量数据,移位操作符右边表示的是对左操作数移位的位数,必须是整数类型。由于 std_logic_vector 型是最常见的类型,进行 bit_vector 类型的来回转换不方便,故可用下面两种方式进行移位操作。

```
① for i in 0 to 6 loop                     --从 0 到 6 位做循环
        a(7-i)<=a(7-i-1);                  --将 a 中的低 7 位向高位移 1 位
        end loop;a(0)<='0';                --向最低位移入 0 或 1
② a(7 downto 1)<=a(6 downto 0);            --将数据高 7 位左移 1 位
        a(0)<='0';                         --向最低位移入 0 或 1
```

4) 关系运算符

关系运算符有 6 种,包括 = (等于) 、/ = (不等于) 、< (小于) 、< = (小于等于) 、> (大于) 、> = (大于等于) 。不同的关系运算符对运算符两边的操作数的数据类型有不同的要求。其中 = (等于) 和 / = (不等于) 可以适用于所有类型的数据。其他关系运算符则可使用 integer、real、std_logic、std_logic_vector 等类型的关系运算。在进行关系运算时,左右两边的操作数的数据类型必须相同。

在利用关系运算符对位矢量数据进行比较时,比较过程是从最左边的位开始,自左至右按位进行比较的。因此在位长不同的情况下,可能得出错误结果。如比较 1010<111,由于 1010 左边第二位为 0,而 111 左边第二位为 1,故比较结果为真,这显然不符合实际情况。解决的办法是利用 std_logic_arith 程序包中定义的 unsigned 数据类型,将这些进行比较的数据的数据类型定义为 unsigned。如 unsigned'(1010)<unsigned'(111) 的比较结果将判定为假。

为使位矢量能进行关系运算,在包集合 std_logic_unsigned 中对关系运算重新做了定义,使其可以正确地进行关系运算。在使用时应先声明调用该包,此后标准逻辑位矢量还可以和整数进行关系运算。

5) 并置运算符

并置运算符 & 用于位的连接,可将 n 个位数据用并置运算符连接起来就可以构成一个具有 n 位长度的位矢量。如: a = '1', b = '1', c = '0', d = "1011", 则 y < = d&(a&b&c), y = "1011110"。

位的连接也可使用集合体的方法,即用逗号将位连接起来。如: y < = (a, b, c), 则 y = "110"。但这种方法不适用于位矢量之间的连接。如: y<=(d,(a,b,c)) 就是错误的。

5. 顺序语句和并发语句的描述

对硬件系统进行描述时,按对语句响应方式的不同,可将语句分为顺序描述语句和并发描述语句,这两类语句的灵活运用可以正确地描述系统行为。

1) 顺序描述语句

顺序描述语句只能出现在进程或子程序中,语句中所涉及的系统行为包括时序、控制、条件和迭代。语句功能包括算术运算和逻辑运算、信号和变量的赋值、子程序的调用等。顺序描述语句包括等待(wait)语句、断言语句(assert)、信号代入语句、变量赋值语句、if 语句、case 语句、loop 语句、next 语句、exit 语句、null 语句。其中,null 语句为空语句,执行该语句只是使执行流程走到下一个语句,无任何动作。空语句表示只占位置的

一种空处理动作,但是它可用来对所有对应的信号赋一个定值,表示该驱动器被关闭。

(1) 等待语句的描述

等待(wait)语句主要用于进程中,进程在运行过程中总是处于执行或挂起两种状态之一,进程状态的变化受等待语句的控制,当进程执行到等待语句时,就将被挂起,并设置好再次执行的条件。wait 语句有 wait、wait on、wait until、wait for 4 种情况以及它们的组合形式。其中 wait 语句后面没有结束等待的条件,因此是无限期等待。其他 3 种等待的结束要根据设置的条件是

否为真来判断,若条件为真则结束等待,否则将一直等待。

① wait on 语句。wait on 语句的完整表达方式为:

wait on 信号 1,[信号 2],…;

在 wait on 后可跟一个或多个信号量,它们之间用逗号隔开,这些信号为启动进程执行的敏感量。如:

wait on a,b;   ——a,b 为敏感量

它们一旦变化,就结束等待,进程就会执行一次。

该语句表明,wait on 语句等待信号 a 或 b 发生变化,只要其中一个信号发生变化,进程将结束挂起状态,去执行一次进程。若信号量有新的变化,wait on 将再次启动进程的执行。例 2-7 是启动进程执行的敏感量的不同表示方法,其程序的执行效果是一样的。在进行系统的电路设计程序编写时,常用第一种方法,而在进行系统仿真的测试程序编写时则用第二种方法。

[例 2-7] 启动进程执行的敏感量的不同表示方法。

方法 1:

```
process (a,b)        ——声明进程的敏感量 a,b
begin                ——进程开始
    y<=a or b;       ——执行 a 或 b 操作
end process;         ——结束进程
```

方法 2:

```
process              ——无敏感量的进程声明
begin                ——进程开始
    y<=a or b;       ——执行 a 或 b 操作
wait on a,b;         ——等待敏感量 a,b 变化
end process;         ——结束进程
```

但是,如果 process 声明语句中已有敏感量信号,如方法 1 中的 a,b,则在进程中不能再用 wait on a,b 语句。如例 2-8 中重复使用了敏感量,因而是错误的。

[例 2-8] 错误的重复使用敏感量。

```
process(a,b)         ——有敏感量 a,b 的进程声明
begin                ——进程开始
y<=a or b;           ——执行 a 或 b 操作
wait on a,b;         ——错误语句,重复使用了敏感量
end process;         ——结束进程
```

② wait until 语句。wait until 语句的完整表达方式为：

wait until 布尔表达式；

当进程执行到该语句时将检查布尔表达式，当布尔表达式为'真'时结束等待，启动进程，否则进程将被挂起。该语句在布尔表达式中建立一个隐式的敏感信号量清单，当布尔表达式中的任何一个信号发生变化时，就立即对表达式进行一次评估，如果评估结果使表达式返回一个'真'值，则进程脱离等待状态，继续执行下面的语句。如：

wait until ((a * 10) < 100)；

当信号 a 的值大于或等于 10 时，进程在执行到该语句时将被挂起，当 a 的值小于 10 时，表达式返回一个'真'值，结束等待状态，进程被启动。

③ wait for 语句。如果为程序设计的信号或布尔表达式的等待条件在实际中不能保证出现，可在等待语句中加一个超时等待(wait for)项，以防止该等待语句进入无限期的等待状态。wait for 语句的表达方式为：

wait for 时间表达式；

当进程执行到该语句时将被挂起，等到时间表达式指定的时间到时，时间表达式返回一个'真'值，结束等待状态。为面语句：

wait for 20 ns；　　　　　 --等待 20 ns 后返回一个'真'值
wait for(a * (b+c))；　　　 --等待 a(b+c) 时间后返回一个'真'值

当进程执行到第一条语句后将等待 20 ns，然后返回一个'真'值，结束等待状态，启动进程的执行。在第二条语句中，若 a=2，b=50 ns，c=70 ns，则执行到第二语句时，就要等待 2 * (50+70)= 240 ns 后返回一个'真'值，结束等待状态。

④ 多条件 wait 语句。在前面的 wait 语句中，等待的条件都是单一的，要么是信号量，要么是布尔量，要么是时间量。实际上 wait 语句还可以同时使用或组合使用上面的多个等待条件，构成多条件 wait 语句。如：

wait on ina，inb until ((inc=true) or (ind=true)) for 5 μs；

该语句有 3 种等待情况可结束等待：信号量 ina 和 inb 任何一个有一次新的变化；信号量 inc 和 ind 任何一个取值为'真'；该语句已等了 5 μs。只要上述 3 种情况中的一个或多个满足，便会结束等待状态，启动进程的执行。

在使用多个条件等待时，其表达式的值至少应包含一个信号量的值。如：

wait until(umi=true) or(interrupt=true)；

如果该语句中的 umi 和 interrupt 两个都是变量，没有信号量，那么即使两个变量有新的变化,该语句也不会对表达式进行评估和计算。等待语句不会对变量的变化做出反应,因为变量是立即赋值的,不能有时延。

(2) 信号代入语句的描述。

信号代入语句的表达方式为:

目标信号量<=信号量表达式;

该语句将右边信号量表达式的值赋予左边的目标信号量。使用代入语句时,代入符两边的信号量的类型和位长应该是一致的。另外,代入符“<=”和关系操作的小于等于符“<=”是一样的,应注意根据上下文来区别。信号代入语句既可当作顺序执行语句来使用,也可当作并发执行语句来使用。当信号代入语句出现在结构体或块语句中时是并行执行语句,当出现在进程和子程序中时是顺序执行语句。

(3) 变量赋值语句的描述。

变量赋值语句的表达方式为:

目标变量:=表达式;

该语句表明,目标变量的值将由表达式的数值代替,但两者的类型必须相同。目标变量的类型、范围及初值事先应已声明过。右边的表达式可以是变量、信号、常数或字符。变量赋值是立即进行的,而信号赋值则有时延。变量赋值只在进程或子程序中使用,它无法传递到进程之外。变量赋值语句不能出现在需要并行赋值的结构体中。

(4) if 条件判断语句的描述。

if 条件判断语句用来判断当前应执行哪些语句,只有满足设定条件的语句才能被执行。

① if 单条件判断语句。if 单条件判断语句的表达方式为:

```
if 条件 then
    顺序执行语句;
endif;
```

当程序执行到 if 语句时,先对指定的条件进行判断,如果条件为真,则执行 if 到 endif 之间所包括的顺序语句,否则程序将跳过 endif 语句执行后面的其他语句,这是一种最简单的选择语句,它只有一种条件可供选择,只说明满足条件时应当执行的语句,并未指明不满足条件时应执行的语句,因此是一种不完整性条件语句。

② if 双条件判断语句。if 双条件判断语句的表达方式为:

```
if 条件 then
顺序执行语句;
else
顺序执行语句;
```

endif;

该语句在满足指定的条件时将处理 then 与 else 之间的顺序处理语句,当条件不满足时则处理 else 与 endif 之间的顺序处理语句,因此在 if 与 endif 之间的语句总有一种情况会被执行。这是一种完整的条件语句,它给出了条件判断时可能出现的所有情况,所生成的电路为组合电路。

③ if 多条件判断语句。if 多条件判断语句的表达方式为:

```
if 条件 then
      顺序处理语句;
  elsif 条件 then
      顺序处理语句;
  elsif 条件 then
      顺序处理语句;
  else
      顺序处理语句;
  endif;
```

在 if 多条件判断语句中,设置了多个条件,当满足所设置的某个条件时,程序就执行该条件后的顺序处理语句。如果所有设置的条件都不满足,则执行 else 和 endif 之间的顺序处理语句。多条件判断语句由于对各种可能的情况都进行了描述,故所生成的电路为组合逻辑电路。双条件判断语句实际上是多选择条件判断语句的特例。

[例 2-9] 利用多条件判断语句设计从四路输入中选择其中一路输出的电路。

```
library IEEE;
use IEEE.std_logic_1164.all;
entity ex2_9 is
  Port( in_a:in std_logic_vector( 3 downto 0);
     sel:in std_logic_vector( 1 downto 0);
     y:out std_logic);
end ex2_9;
architecture rtl of ex2_9 is
begin
  process( in_a,sel)
  begin
  if( sel = "00") then
    y<=in_a(0);
```

```
        elsif( sel = "01" )  then
           y<=in_a(1);
        elsif( sel = "10" )then
           y<=in_a(2);
           else
           y<=in_a(3);
           endif;
end process,
end rtl;
```

（5）case 条件判断语句。

if 条件判断语句的多选择控制可用于从多种不同的情况中选择其中之一执行,但如用 case 条件判断语句编写同样功能的电路,则会使程序简练得多。case 条件判断语句的表达方式为:

case 表达式 is

when 条件表达式 =>顺序处理语句;

end case;

其中,条件表达式有 4 种不同的表示形式:

when 值 =>顺序处理语句;

when 值 | 值 | 值 | ... | 值 |>顺序处理语句;

when 值 to 值 =>顺序处理语句;

when 值 others =>顺序处理语句;

当 case 和 is 之间的表达式的取值满足 when 后面指定的条件表达式的值时,程序将执行 when 后面的由符号=>所指定的顺序处理语句,这里的=>不是关系运算符,而是描述值和对应执行语句之间的关系。条件表达式的值可以是一个或多个值的"或运算",或者是一个值的取值范围,或表示其他所有的默认值。

如果 case 语句 when 后的输入值在某一个连续范围内,其对应的输出值又相同,可在 when 后面用 to 来表示一个离散的取值范围。如对自然数取值范围为 1~9,则可表示为 when 1to9=>…。

由于 case 条件判断语句中的语句是并发同时执行而不是顺序执行的,故将 when 语句出现的先后次序颠倒不会发生错误。但在 if 语句中,由于有执行的先后顺序,颠倒判别条件的次序往往会使综合的逻辑电路功能发生变化。

（6）LOOP 循环语句。

LOOP 循环语句可使程序进行有规则的循环,循环次数受迭代算法控制。

① for-loop 循环语句。for-loop 循环语句的表达方式为:

　　　　　［标号］:for 循环变量 in 离散范围 loop

　　　　　　　　　　顺序处理语句;

　　　　　　　end loop［标号］;

　　for-loop 语句中的循环变量的值在每次循环中都将发生变化,而 in 后跟的离散范围则表示循环变量在循环过程中依次取值的范围,只能是离散的正整数。

　　② while-loop 循环语句。while-loop 循环语句的表达方式为:

　　　　　［标号］:while 条件 loop

　　　　　　　　　顺序处理语句;

　　　　　　　end loop［标号］;

　　在 while-loop 语句的执行过程中,在每次循环前先要对条件进行判断,如果条件为真,则进行循环,如果条件为假,则结束循环。

　　③ loop 循环语句。这种 loop 循环更像是 while-loop 的简化形式,它去掉了 while 条件。为了退出循环,采用了 exit when 条件句,当条件满足退出循环,执行 end loop 以后的语句。loop 循环语句的表达方式为:

　　　　　［标号］:loop

　　　　　　　　　顺序处理语句;

　　　　　end loop［标号］;

　　(7) next 跳出语句。

　　在 loop 语句中,每次从循环的第一条语句开始执行,直到最后一条语句,然后重复。在有的应用中可能只需要执行循环中的部分语句然后跳出本次循环开始下一次循环,这时就可使用 next 跳出语句。next 跳出语句的表达方式为:

　　next［标号］［when 条件］

　　next 跳出语句后面的方括号中的内容是可选的。当程序执行 next 跳出语句时,将停止本次循环,而转入下一次新的循环。next 跳出语句后跟的"标号"表明下一次循环的起始位置,而"when 条件"则表明 next 语句执行的条件,即满足条件便跳出本次循环转入下一次新的循环,不满足条件则不能结束本次循环而要继续执行后面的语句。如果 next 跳出语句后面既无"标号"也无"when 条件"说明,那么只要执行到该语句就立即无条件地跳出本次循环,从 loop 语句的起始位置进入下一次循环。

　　［例 2 - 10］利用 next 跳出语句将 8 位输入总线设置到全部为高电平后输出。

library IEEE;

use IEEE.std_logic_1164.all;

```
entity ex2_10 is
  port(inda:in std_logic_vector(7 downto 0);
    y:out std_logic_vector(7 downto 0));
end ex2_10;
architecture rtl of ex2_10 is
begin
  process(inda)
    constant max_limit:integer:=7;
  begin
  for i in 0 to max_limit loop
    if(inda(i)='1') then
    next;
    else
    y(i)<='1';
    endif;
  end loop;
end process;
end rtl;
```

（8）exit 退出语句。

exit 退出语句的表达方式为：

exit［标号］［when 条件］;

exit 退出语句也是 loop 语句中使用的循环控制语句，与 next 跳出语句不同的是，执行 exit 退出语句时，如果 exit 语句后面没有跟"标号"和"when 条件"，则程序执行到该语句时就无条件地结束 loop 语句的循环状态，而去执行 loop 语句后面的语句。如果 exit 语句后面跟有"标号"，程序将跳至标号所说明的语句。如果 exit 语句后面跟有"when 条件"，当程序执行到该语句时，只有所说明的条件为真时，才跳出 loop 循环语句。如果有标号说明，下一条要执行的语句将是该标号说明的语句，若无标号说明，下一条要执行的语句是循环体外的下一条语句。exit 语句是一条很有用的语句，当程序需要处理保护、出错和警告状态时，exit 退出语句能提供一个快捷方便退出 loop 循环的方法。

（9）assert 断言语句。

assert 断言语句的表达方式为：

assert 条件
    ［report 输出信息］

　　〔severity 级别〕；

　　在 report 后面跟的是设计者所写的文字串，通常是说明错误的原因，文字串应用双引号括起来。severity 后面跟的是错误严重程度的级别。错误严重的程度分为 4 级：注意（note）、警告（warning）、出错（error）、失败（failure）。在系统仿真中，可以用这 4 种状态来提示系统当前的工作情况。如：

　　assert(alarm = '1')

　　report "something is wrong"

　　severity error；

　　该断言语句的条件是信号量 alarm = '1'，如果执行到该语句时，信号量 alarm = '0'，说明条件不满足，就会输出 report 后跟的文字串。该文字串说明出现了某种错误，severity 后跟的错误级别告诉操作人员，其出错级别为 error。

　　assert 断言语句用于检查一个布尔表达式为真或假的情况，如果判断为真，表示一切正常，则跳过 assert 后面方括号中的子句，任何事都不做。如果布尔值为假，则断言语句将输出 report 子句后的字符串到标准输出显示终端，由 severity 子句根据出错错误情况指出错误级别。assert 断言语句对错误的判断给出错误报告和错误等级，这都是由设计者在编写 VHDL 程序时预先安排的，VHDL 不会自动生成这些错误信息。该语句主要用于程序仿真、调试中的人机对话。断言语句属于不可综合语句，综合中被忽略而不会生成逻辑电路，只用于监测某些电路模型是否正常工作等。

　　放在进程内的断言语句叫顺序断言语句，放在进程外的断言语句叫并行断言语句。顺序断言语句和其他语句一样在进程内按顺序执行。断言语句为程序的仿真和调试带来方便。

　　(10) report 报告语句。

　　类似于断言语句，report 报告语句是报告有关信息的语句，本身不可综合，即在综合中不能生成电路，主要用以提高人机对话的可读性，监视某些电路的状态。报告语句本身虽不带任何条件，但需根据描述的条件给出状态报告，比断言语句更简单。程序语句为：

　　report 字符串；

report 报告语句后面的字符串要加双引号。

　　2) 并发描述语句

　　可以进行并发处理的语句有：并发代入语句、进程语句、块语句、并发过程调用语句、元件例化语句、生成语句、并发断言语句。这些语句都出现在结构体中，并在结构体中同时被硬件电路执行，与它们在程序书写中出现的先后次序无关。

　　并发信号代入（concurrent signal assignment）语句有 3 种形式：简单信号代入语句、条件信号代入语句、选择信号代入语句。

（1）简单信号代入语句。

简单信号代入语句的格式为：

目标信号<=敏感信号量表达式；

当代入符"<="右边的信号值发生任何变化时,代入操作就会立即执行,新的值将代入
"<="符号左边的目标信号。一个并发信号代入语句实际上是一个进程的缩写。如 y<=a,实
际上等效于：

process(a)	——声明进程的敏感量为 a
begin	——声明进程开始
y<=a;	——如果敏感量信号 a 发生变化,则将其赋给 y
end process;	——结束对进程的描述

并发信号代入语句与顺序执行语句中的信号代入语句的作用和格式是完全相同的,说明代
入语句既可以作为并发也可作为顺序执行语句来使用。若代入语句在进程中,它是以顺序语句
形式出现,而若代入语句在结构体中,它则以并发语句形式出现。代入语句可以完成加法器、乘
法器、除法器、比较器及各种逻辑电路的功能。因此,在代入符"<="右边,可以用算术运算表
达式,也可以用逻辑运算表达式,还可以用关系操作表达式来表示。

（2）条件信号代入语句。

条件信号代入（conditional signal assignment）语句可以根据不同条件将多个不同的表达式
之一的值代入目标信号。条件信号代入语句实现的功能类似于进程中的 if 语句,在执行条件信
号代入语句时,每个代入条件是按表达式的先后关系逐项检测的,一旦发现代入条件为真,立即
将表达式的值代入目标信号量。程序语句为：

目标信号<=表达式 1 when 条件 1 else
　　　　　表达式 2 when 条件 2 else
　　　　　表达式 3 when 条件 3 else
　　　　　　　　　　　　　else
　　　……
　　　　　表达式 n;

在每个表达式后面跟有用 when 所指定的条件,如果条件满足,则该表达式的值被代入目标
信号,如果不满足条件,再判别下一个表达式所指定的条件。最后一个表达式后面可以不跟条
件,这表示在上述表达式所指明的条件都不满足时,则将该表达式的值代入目标信号量。

（3）选择信号代入语句。

选择信号代入（selective signal assignment）语句类似于顺序处理语句中的 case 语句。选择
信号代入语句先对 with 选择表达式进行测试,然后选择满足该测试值的 when 所在行的表达式

的值赋给目标信号。程序语句为：

> with 选择表达式 select
> 目标信号<=表达式 1 when 选择值 1,
> 表达式 2 when 选择值 2,
> 表达式 n when 选择值 n,
> 表达式　　　when others;

每当选择信号代入语句中 with 后面的选择表达式的值发生变化,就启动此语句对 when 后面的选择值进行测试对比,当发现有满足条件的子句时,就将此子句表达式中的值代入目标信号量。由于这种测试类似于 case 语句是并行执行的,因此 when 后面的选择值不允许有条件重叠的现象,也不允许存在条件涵盖不全的情况。

6. VHDL 的属性描述

属性(attribute)指对象、实体、结构体等的声明中所伴随的一些附加隐含信息,通过属性描述可以使这些信息显式地表达出来,从而得到设计者感兴趣的数据,使对程序的设计更加简明扼要。大部分属性不能进行综合,因此不能生成实际的电路并获得相应的功能,属性主要用于从 VHDL 到逻辑综合及 ASIC 的设计工具、动态解析工具的数据的过渡。

具有属性的项目包括：类型、子类型、过程、函数,信号、变量、常量、实体、结构体、配置、程序包等。属性是上述各类项目的特征,某项目的某一特定属性可以具有一个值,如果它确实具有一个值,那么该值就可以通过属性加以访问。属性的表达方式为：

项目名'属性标识符

属性的值与对象的值完全不同,在任一给定的时刻,一个对象只能具有一个值,但可以具有多个属性。VHDL 向用户提供有预定义的属性。

1) 数值类属性

数值类属性用来得到数组、块或一般数据的有关值。

(1) 一般数据的数值属性。一般数据的数值属性有以下 4 种：

① datatype'left　　--获得数据类或子类区间的最左端的值
② datatype'right　　--获得数据类或子类区间的最右端的值
③ datatype'high　　--获得数据类或子类区间的最高端的值
④ datatype'low　　--获得数据类或子类区间的最低端的值

其中,datatype 表示一般数据类或子类的名称,符号"'"后面是属性名。

需要说明的是,属性为 'high 和 'low 实际上表示的是数据类型的位置序号值的大小,对于整数和实数来说,数值的位置序号与数据本身的值相等,而对于枚举类型的数据来说,在说明中较早出现的数据,其位置序号值低于较后说明的数据。

（2）数组的数值属性。数组的数值属性只有一个，即 'length。在给定数组类型后，用该属性将得到长度值，该属性可用于任何标量类数组和多维的标量类区间的数组。

（3）块的数值属性。块的数据属性有 'structure 和 'behavior 两种，它们分别用于块和结构体，以得到块和结构体的模块信息。如果块中有标号说明，或者结构体有结构体名说明，而且在块和结构体中不存在 component 语句，那么用属性 'behavior 将得到该块或结构体的属性值为"true"的信息，如果在块或结构体中只有 component 语句或被动进程（没有赋值语句的进程），那么用对该块或结构体使用属性 'structure 所得到的返回值将为"true"。

属性 's 和 'b 可用来验证所说明的块或结构体是用结构描述方式来描述的模块还是用行为描述方式来描述的模块。

2）函数类属性

函数类属性指属性以函数的形式，让设计人员得到有关数据类型、数组、信号的某些信息。当函数类属性以表达式形式使用时，首先应指定一个输入的自变量，函数调用后将得到一个返回值。该返回值可能是枚举数据的位置序号，也可能是信号有某种变化的指示，还可以是数组区间中的某一个值。

函数类属性包括：数据类型属性函数、数组属性函数和信号属性函数。

（1）数据类型属性函数。用数据类型属性函数可以得到有关数据类型的各种信息。如，给出某类数据值的位置，则可利用位置函数就可得到该位置的数据。此外，利用其他相应属性还可以得到某些数据的左邻值和右邻值等。该类属性函数及功能为：

① datatype'pos(a)　　　--得到输入 a 数据的位置序号

② datatype'val(n)　　　--得到输入位置序号 n 的数据

③ datatype'SUCC(a)　　--得到输入 a 数据的下一个数据

④ datatype'pred(a)　　　--得到输入 a 数据的前一个数据

⑤ datatype'leftof(a)　　--得到邻接输入 a 数据左边的数据

⑥ datatype'rightof(a)　　--得到邻接输入 a 数据右边的数据

（2）数组属性函数。数组函数可用来获取数组的区间范围值，该类属性函数及功能为：

① array'left(n)　　　--得到索引号为 n 的区间的数组左端位置序号

② array'right(n)　　　--得到索引号为 n 的区间的数组右端位置序号

③ array'high(n)　　　--得到索引号为 n 的区间的数组高端位置序号

④ array'low(n)　　　--得到索引号为 n 的区间的数组低端位置序号

其中，array 为数组名，n 指多维数组中所定义的多维区间的序号，当 n 省略时，就代表对一维区间进行操作。类似于数据类型属性函数，在递增区间和递减区间存在着相应的对应关系。

在递增区间，存在的对应关系：

array'left(n) = array'low(n) ;

array'right(n) = array'high(n) ;

在递减区间,存在的对应关系:

array'left(n) = array'high(n) ;

array'right(n) = array'low(n) ;

(3) 信号属性。信号属性函数用来得到信号的行为信息。如信号的值是否变化、从最后一次变化到现在经过了多长时间、信号变化前的值为多少等。该类属性函数及功能为:

① signalname'event。如果名为 signalname 的信号在当前一个相当小的时间间隔内,事件发生了,则函数将返回一个为'真'的布尔型值,否则就返回'假'的布尔型值。

② signalname'active。如果名为 signalname 的信号在当前一个相当小的时间间隔内,信号发生了改变,则函数将返回一个为'真'的布尔型值,否则就返回'假'的布尔型值。

③ signalname'last event。该属性函数将返回一个时间类型值,即名为 signalname 的信号从前一个事件发生到现在所经过的时间。

④ signalname'last value。该属性函数将返回一个标准逻辑型值,即该值是名为 signalname 的信号最后一次改变以前的值。

⑤ signalname'last active。该属性函数将返回一个时间类型值,即从信号前一次改变到现在的时间。

各自的使用方法为:

① 属性'event 通常用于确定时钟信号的边沿,可用它检查信号是否处于某一特殊值,以及信号是否刚好已发生变化。

② 属性 last_event 常用于检查方波信号的时间,如检查建立时间、保持时间和脉冲宽度等。

③ 属性'active 和'last_active 在信号发生转换或事件发生时被触发。当一个模块的输入或输入/输出端口发生某一事件时,'active 将返回一个'真'值,否则就会返回一个'假'值。属性'last_active 将返回一个时间值,这个时间值就是所加信号发生转换或发生某一个事件开始到当前时刻的时间间隔。这两个属性与'event 和'last_event 提供相类似的对事件发生行为的描述。

3) 信号类属性

信号类属性返回在一指定时间范围内该信号是否已经稳定的信息和在信号上有无事项处理发生的信息,信号类属性能建立信号的延迟形式。但它们不能用于子程序中,否则程序在编译时会出现编译错误信息。该类属性及功能为:

(1) signalname'delayed[(time)]。建立一个与名为 signalname 的信号名同样类型的延时信号,其延时时间为表达式 time 所确定的时间延时。若 time 等于 0,其延时值为一个仿真周期,若省略 time,则实际的延时时间被赋值为 0。

（2）signalname'stable［（time）］。该属性可建立一个布尔信号（boolean），在表达式 time 所确定的延时范围内，若名为 signalname 的信号没有发生事件，则该属性可得到一个'真'（true='1'）值，否则为'假'（false='0'）。当 time 等于 0（也是默认值）时，则时间值可以没有，可简写为信号名'stable，该属性可以检测信号的边沿。

（3）signalname'quiet［（time）］。该属性可建立一个布尔信号，在表达式 time 所确定的延时范围内，若名为 signalname 的信号没有发生转换或其他事件，则该属性可得到一个'真'值，否则返回'假'。

（4）signalname'transaction［（time）］。该属性可建立一个 bit 类型的信号，在表达式 time 所确定的延时范围内，若名为 signalname 的信号发生转换或事件时，其值都将发生变化。

信号发生转换或事件又称为信号活跃（active），它被定义为信号值的任何变化称为的活跃。信号值从'1'变为'0'是一个活跃，而从'1'"闪了一下"再变为'1'也是一个活跃，判定信号是否活跃的唯一准则是发生了事情，这被称为一个事项处理（transaction）。然而，发生了事件则要求信号值发生了变化，信号值从'1'变为'0'是一个事件，但从'1'"闪了一下"再变为'1'，虽然也是一个活跃，但由于值没有发生变化，因而不是一个事件。因此可以说事件都是活跃，但并非所有的活跃都是事件。按此说法，'stable 与 'quiet 的区别在于：'stable 没有发生事件，但可能发生了活跃；而 'quiet 则是没有发生活跃，即信号一直不发生变动。前述的 'event 则是发生了事件，'active 则是发生了活跃。各信号类属性的使用方法为：

（1）属性 'delayed 可建立一个所加信号的延迟。为实现同样的功能，也可以用传输延时赋值语句（transport）来实现。两者不同的是，后者要求编程者用传输延时赋值的方法记入程序中，而且带有传输延时赋值的信号是一个新的信号，它必须在程序中加以说明。如：

b<=transport a after 20 ns　　--b 是不同于 a 的一个新的信号

b<=a'delayed（20 ns）；　　　--b 是 a 的延迟，两者为同一信号

（2）属性 'stable 用来确定在一个指定的时间间隔中，信号是否稳定，是否正好发生或者没有发生改变。没有改变返回'真'值，否则返回'假'。该信号与 'event 一样可以检出信号的上升沿。如当用 'event 描述信号的上升沿时：

if（（clk'event）and（clk='1'）and（clk'last_value='0'））then

当用 'stable 描述信号的上升沿时：

if（（not（clk'stable）and（clk='1'）and（clk'last_value='0'））then

上述两种情况都可检出上升沿，但由于使用 'stable 时需要建立一个额外的信号，因而将占用更多的内存，故较少使用 'stable 属性。

（3）属性 'quiet 具有与 'stable 相同的功能，但是，它由所加信号上的电平值的改变所触发。属性 'quiet 将建立一个布尔信号，当所加的信号没有改变，或者在所说明的时间内没有发生事

件时,利用该属性可得到一个'真'的结果。该属性常用于描述较复杂的一些信号值的变化。

(4) 属性 'transaction 将建立一个数据类型为 bit 类型的信号,当属性所加的信号每次从'1'或'0'发生改变时,就触发该 bit 信号翻转。如:

wait on sigx'transaction;

当信号 sigx 转换发生,而不能在信号 sigx 上产生一个事件时,那么等待语句 wait 就会一直处于等待状态。用属性 'transaction 触发一个事件发生,从而将 wait 激活,启动进程。

在程序包 std_logic_1164 中,预定义了下面两个函数来检查时钟沿,即

founcton rising_edge(signal s: std_ulogic) return boolean;
founcton falling_edge(signal s: std_ulogic) return boolean;

结合前面的介绍,可用下述方法检查时钟:

检查时钟 clk 上升沿:

clk'enent and clk = '1';not clk'stable and clk = '1';rising_edge(clk);

检查时钟 clk 下降沿:

clk'enent and clk = '0',not clk'stable and clk = '0';falling_edge(clk);

检查信号稳定性:

信号名 'last_event> = 10 ns;   --信号上次事件至少发生在 10 ns 前
信号名 'stable(10 ns);   --信号最少已稳定 10 ns

检查脉冲宽度,信号上次事件至少发生在 10 ns 以前,信号最少已稳定 10 ns:

falling_edge(clk) and clk'delayed'last_event> = 10 ns;   --最小正脉冲宽度检查
rising_edge(clk) and clk'delayed'last_event> = 10 ns;   --最小负脉冲宽度检查

4) 数据类型类属性

利用数据类型类属性可以得到数据类型或子类型的一个值,它仅仅作为其他属性的前缀来使用。其属性的表示为:

数据类型 'base

5) 数据区间类属性

数据区间类属性又称范围属性,可返回所选择输入参数的索引区间。其属性和功能为:

a'range[(n)]:返回一个由参数 n 值所指出的第 n 个数据区间,

a'reverserange[(n)]:返回一个由参数 n 值所指出次序颠倒的第 n 个数据区间。

如果属性 'range 返回的区间为 0~15,则 'reverserang 返回的区间为 15~0。如果参数[(n)]

省略,数据区间类属性将返回最大数据区间。

6) 用户自定义的属性

用户还可以自己根据实际工作定义适合自己特殊需要的属性。用户自定义的属性的表达方式为:

attribute 属性名:数据子类型名;

attribute 属性名 of 目标名:目标集合 is 公式;

在对要使用的属性进行说明以后,接着就可以对数据类型、信号、变量、实体、构造体、配置、子程序、元件、标号进行具体的描述。如例 2 - 11。

[例 2 - 11]

attribute max_area:real;

attribute max_area of fifo:entity is 150.0;

myattrmax<=fifo'max_area;　　　　--属性调用,返回值 myattrmax = 150.0

又如例 2 - 12。

[例 2 - 12]

attribute capacitance:cap;

attribute capacitance of clk,reset:signal is 20 pf;

myattr<=clk'capacitance;　　　　--属性调用,返回值 myattr = 20 pf

2.2　掌握硬件描述语言 VHDL 程序设计方法

应用程序包括库(library)、程序包(package)、实体、结构体和配置五个组成部分,程序包和配置不是必需的,库、实体、结构体则是必需的,它们在程序体中的位置如图 2 - 1 所示。其中,库用来存放已经编译的实体、结构体、程序包和配置。VHDL 向用户提供基本的库,用户编写的程序会自动放在工作库中,有的芯片制造商也提供适合芯片特点的专用库,以便于在编程中为设计者所共享。程序包用于存放各设计模块都能共享的数据类型、常数和子程序等,实体用于描述所设计电路的对外接口,结构体用于描述所设计电路系统内部的具体功能,结构体通常由进程语句、块语句、过程语句和并行语句构成,配置可用于从库中选取所需组件来构成系统设计的不同版本。

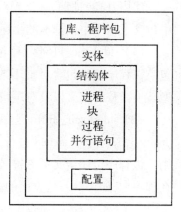

图 2 - 1　VHDL 程序基本构架

2.2.1 VHDL 的库和程序包

库和程序包是程序结构中必须具有的部分。这两个部分的内容通常由可编程 ASIC 芯片制造商所提供的芯片开发软件提供给用户,用户只需在编写程序的开始部分直接声明使用哪些库和这些库中将用到的哪些程序包即可。用户经常会用到一些自己设计的电路模块程序,也可建立自己的用户库和程序包,以便在后续的程序中直接调用以简化程序。

1. 库的声明与使用

库用来解释后面程序中可能出现的各种语法现象、对象名称、关键字、运算符、数据类型、常数、函数、过程等。当程序中出现这些内容时,便会自动调用库中的相关实体声明、构造体声明、程序包集合声明和配置声明等对其进行解释。如果程序不能从库中找到相应的解释语句,语法检查时就会提示发现语法错误。因此库的位置总在 VHDL 程序的最前面。要使用某一个库,必须先声明后使用。对库进行声明的表达方式为:

library 库名;

其中,library 是关键字,库名根据用户需要来确定,是必需的。声明完库名后,在后续程序的其他地方就可共享该库中已经编译过的设计结果。在程序中可以有多个不同的库,但相互不能嵌套。

按库的编制来源不同,可将库分为 IEEE 库、STD 库、面向 ASIC 的库、用户自定义库和WORK 库五类。对库的使用主要是使用库中所包含的程序包,不同的库中所包含的程序包不同,所以要使用哪些程序包就声明哪些库。对不使用的包,就不必声明相应的库。因此在声明库时,应对库中涉及哪些程序包有一个基本的了解。

1) IEEE 库

使用 IEEE 库前,必须先对其进行声明,不能省略,因为它不是程序默认的库。在 IEEE 库中包含了程序中最基本的程序包,其中下面 3 个常用程序包在大多数程序中都会用到。

(1) std_logic_1164 程序包。这是最常用和最基本的程序包,故一般程序都应加上该程序包。该程序包中包含对常用数据类型 std_logic、std_logic_vector 的定义、对相关函数、对各种类型转换函数的定义以及对逻辑运算规则的定义。

(2) std_logic_arith 程序包。该程序包在 std_logic_1164 的基础上进一步对无符号数unsined,有符号数 signed 进行了数据类型的定义,并为其规定了相应的算术运算和逻辑运算规则。该程序包还定义了无符号数 unsigned、有符号数 signed 及整数 integer 之间的转换函数。故在程序中,如果涉及这方面的内容,应事先声明对该程序包的使用。

(3) std_logic_unsigned 和 std_logic_signed 程序包。这两个程序包定义了 integer 数据类型和 std_logic 及 std_logic_vector 数据类型混合运算的运算规则,并定义了由 std_logic 型及 std_logic_vector 型到 integer 型的转换函数。在 std_logic_signed 中定义了有符号数运算规则。

2) STD 库

STD 库是标准库,是程序默认使用的库,故在使用 STD 库时不需要另外加以声明,但如果用户程序中对其进行了声明也不会错。STD 库中主要涉及两个程序包:

(1) standard 程序包。该程序包定义了基本数据类型和子类型,定义了相关函数及各种类型的转换函数等。

(2) textio 程序包。该程序包定义了支持文本文件操作的许多类型和子程序等。

3) 面向 ASIC 的库

为了进行门级仿真,各公司还提供面向 ASIC 的逻辑门库,如 UNISIM 库。在该库中存放着与逻辑门一一对应的实体。使用面向 ASIC 的库可以提高门级时序仿真的精度,一般在对 VHDL 程序进行仿真时使用。现在的 EDA 开发工具都已将面向 ASIC 的库的程序包加进 IEEE 库,故无需在程序中再对该库进行声明。面向 ASIC 的库中主要包含用于时序仿真的程序包和基本单元程序包。

4) 用户自定义库

WORK 库是现行的工作库,设计的 VHDL 程序和编译结果不需任何说明,都将自动存放在 WORK 库中。WORK 库可以是设计者个人使用,也可提供给设计组多人使用。WORK 库是 VHDL 程序默认使用的库,故在使用前不用对其进行声明。

不同公司的软件和不同的版本所支持的软件包有所不同。如 Xilinx 公司的软件司支持 IEEE 库,包括 std_logic_1164、std_logic_arith、std_logic_unsigned,可支持 SYNOPSYS 库,包括 attributes 程序包,可支持 STD 库,包括 textio、standard 程序包。若开发软件不支持某些库,而在程序中使用这些库,程序就会报错。

在 IEEE 库中的 std_logic_ll64 程序包是 IEEE 正式认可的,SYNOPSYS 公司的 sta_logic_arith 和 std_logic_unsigned 虽然没有得到 IEEE 正式承认,但仍汇集在 IEEE 库中。STD 是标准库,库中的 standard 程序包是标准配置,使用前可不做库说明,但若要用到库中的 textio 程序包则应对 STD 库进行说明。

2. 程序包的声明与使用

程序包是库中的一个层次,内中罗列着程序中所要用到的信号声明、常数声明、数据类型、元件语句、函数定义和过程定义等,类似 C 语言中的 include 所起的作用。当声明了程序包,则在程序遇到程序包中声明过的信号、常数、数据类型、元件语句、函数和过程等时,程序就会自动调用程序包中的声明去解释它们。因此,程序包是 VHDL 程序的公用部分,程序包越多,包中的内容越多,程序编写就越容易、越精炼。

程序包由程序包标题和程序包体两部分组成。其中程序包标题是必须有的,程序包体是一个选项,即程序包可以只有程序包标题而无程序包体。一般由程序包标题列出所有项目的名称,而程序包体则具体给出各项目的细节。

程序包标题声明的表达方式为:

package 程序包名 is

[声明语句,包括:信号声明、常数声明、元件语句、函数声明、过程声明等];

end 程序包名;

程序包体的声明格式为:

package body 程序包名 is

[声明语句,包括:信号、常数、元件、函数、过程、子程序的实现细节等];

end 程序包名;

程序包标题和程序包体中的说明语句部分是可选的,没有说明语句的程序包是一个空的程序包。虽然一个空的程序包没有任何明显的设计目的,但它可先占据一个位置,以后再根据需要添加内容。程序包体名应与程序包标题的名字相同。

在程序包标题中的声明语句部分中,包括公共的可见的声明语句,而在包体中则包含专用的不可见的声明语句。子程序、类型、常量、信号等被称为程序包的项目,它们在程序包声明时被描述,作为程序包的输出,使用 use 语句调用这个程序包中的子程序、类型、常量、信号等项目。程序包是标准化 VHDL 环境的有效方法。为了能利用程序包的类型和子程序的集合,应给包一个完整的声明。在程序包声明中,可用程序包标题中的项目名描述项目的轮廓,包括函数或过程、它们的名称和参数,而将这些项目相应的算法保留在程序包体中。

程序包通常存放在某个库中,或者在开发软件提供的库中,或者在用户库中。一个库通常会有多个程序包,因此要使用库中的程序包,应先对库进行声明,然后使用 use 语句进一步说明要使用的是库中哪一个程序包,并指出使用的是程序包中的哪些项目名。对程序包进行声明的表达方式为:

use 库名.程序包名.项目名;

如要使用程序包中的较多项目,可用 all 来表示要使用所有的项目。由于 WORK 库和 STD 库是系统默认使用的库,可不对其进行声明,故使用这两个库中的程序包时,可直接对程序包进行声明。如:

use work.all;   --声明将要使用 WORK 库中的所有程序包

use std.standard.all;   --要使用 STD 库所含 standard 程序包中所有项目

以下例 2-13 是只有包标题的例子,在包标题中允许使用数据赋值和有实质性操作的语句。

[例 2-13] 只有程序包标题说明部分而无程序包体的程序包。

library ieee;   --声明使用 IEEE 库

use ieee.std_logic_1164.all;   --声明使用 std_logic_1164 程序包中的所有项目

package cpu is   --声明程序包标题名为 cpu

```
constant k:integer:=8;          --声明常数 k 为整数 8
type instruction is(add,sub,adc,inc,srf,slf);        --声明枚举型指令
subtype cpu_bus is std_logic_vector(k-1 downto 0);      --总线为子类型
```
　　end cpu;　　　　　　　　　　　　　--结束对名为 cpu 的包标题的声明

　　例 2-13 包标题描述了一个名为 cpu 的程序包,在该程序包中包含了对常数 k、数据类型 instruction 和子类型 cpu_bus 三个项目的声明。在这里对 cpu 程序包进行声明以后,如果在应用程序中调用了该程序包,则当应用程序中出现这三个项目时,就会自动利用这里的声明进行解释,否则开发系统软件在进行语法检查时就会报错,不认识这三个项目。由于该包是用户自定义的,因此编译以后就会自动地加到 WORK 库中。使用该包的表达方式有两种。一种是指出要使用该程序包中某一个项目,程序语句为:

　　use work.cpu.instruction;

　　另一种是泛指要使用该程序包中所有项目,程序语句为:

　　use work.cpu.all;

　　采用这种格式的优点是书写简单,不必列出程序包中的所有项目,这给不太了解程序包中是否存在某些所需项目的情况带来方便,这时可将可能的程序包都加到应用程序中,让程序自动去找所需项目,那些未用到的项目不会对程序产生不利影响。

2.2.2　VHDL 的实体与结构体

　　程序中的库通常是直接使用系统开发商提供的现存库,并利用其中的程序包。只有在编写较大程序并经常利用过去已编写完成的程序时才由用户自己建立用户库,以便节省人力。但程序中的实体和结构体则必须由用户自己编写,不同的实体和结构体通常完成不同的电路功能。

1. 实体的声明

　　实体反映的是一个设计者设计好的可编程逻辑器件具体应用功能的对外表现,体现器件的输入和输出及类属参数等,用户设计的主要功能通过实体表现出来,而器件的内部实现对产品使用者来说则是不可见的。因此程序中,实体是不能少的。

　　1) 实体的表达方式

　　描述一个实体的表达方式为:

entity 实体名 is

[类属参数声明];

[端口声明];

end[实体名];

没有声明语句的实体是空实体,空实体是合法的,如:

```
entity empty is
end；
```

空实体省略了类属参数说明、端口说明、end 后面的实体名。空实体并非无意义的元件，可用它来表示没有输入和输出的硬件。空实体结构常用于编写测试程序。

在程序结构中，实体、结构体、程序包、子程序、块语句、进程语句可以包含声明语句。在这些结构中出现的一组声明称为基本声明组，包括：类型声明、子类型声明、常数声明、文件声明、别名声明、子程序声明。

在一个程序中只用一个实体就可反映用户的设计要求，但有时用户可以在一个程序中用多个并列的实体来实现某种特殊要求，这时各实体间关系彼此独立，在功能实现上相当于把一个芯片划分成若干相互独立的功能部分。但从整体性和一致性考虑，一个芯片最好只用一个实体反映其对外综合性能。如果一个程序必须用多个实体来描述，则在每个实体前都需要指明该实体要用到的库和程序包。

2）实体的类属参数描述

实体描述中，类属参数用 generic 语句进行声明，是可选项，为设计实体和其外部环境通信的静态信息提供通道，常用于传递不同层次的信息。如在进行数据类型说明时，用于位矢量长度、数组的位长及器件的时延参数的传递。在进程、元件等的描述中也常会用类属参数来描述将信息传递给实体的具体元件、用户定义的数据类型、负载电容和电阻、对数据通道及信号宽度等综合参数的传递等。

generic 语句的表达方式为：

generic（常数名子表：子类型标识[：=静态表达式]；

……

常数名子表：子类型标识[：=静态表达式]）；

其中，常数名子表指出如果类属参数所声明的常数类型相同，可将这些具有相同数据类型的类属参数的常数写成一行，相互之间用逗号分隔，不同数据类型的常数必须用不同的行来表达。如用常量 rise、fall 来表示信号的上升沿和下降沿，则可用下面的类属参数语句来表达 rise、fall 是时间类型常量：

generic（rise，fall：time）；　　--声明类属参数 rise、fall 为时间类型

声明后，就可用 rise，fall 来表达时间量。如：

a<=b after rise；　　　　--上升沿 rise 规定的时间到后将 b 赋给 a。

当不仅需要对类属参数进行类型声明，而且还需要给予明确的数据值时，还可利用 generic 语句直接为类属参数赋值。如：

generic(rise:time:=5 ns);　　　　　--声明 rise 为时间类型,其值为 5 ns

这时赋值语句 a<=b after rise 表示延时 5 ns 后将 b 赋给 a。

对类属参数所描述的常量的初始化赋值也可在调用时进行。如果假定已经定义了一个输入与门实体 and2,在调用这个实体时可以这样赋值:

u1:and 2 generic map(rise,fall:time:=5 ns,6 ns);

表示二输入与门 u1 的上升时间 rise 为 5 ns,下降时间 fall 为 6 ns。

需要注意的是,由 generic 语句描述的数据只有整数类型能进行逻辑综合,其他则不能。故它主要用于行为描述,目的在于使器件模块化和通用化,克服器件在材料与工艺不同时引起的参数不一致所带来的对同一功能的不同性能。

3)实体的端口描述

实体的端口声明用于为设计的实体和其他外部环境的动态信号提供通道,实体的每个端口应有一个名字、一个信号传输方向和一个数据类型,它们通过端口声明来描述。端口声明的表达方式为:

port(端口名列表:信号传输方向 数据类型名;

　　　　　…

端口名列表:信号传输方向 数据类型名;

可编程逻辑器件的引脚,除电源和下载测试脚等外,都可以根据用户需要通过引脚功能的声明来进行自由的分配。端口声明结合约束文件中对端口的描述就是完成此任务的。

(1)端口名列表。实体端口声明中的端口名列表应列出每个外部引脚的名称,名称只能用字母表示或字母加数字表示,但必须以字母开头。如 a,b,clock,reset,q0,q1。对有相同数据传输方向和类型的对外引脚,可将其写在一行,相互间用逗号分隔,也可将每个引脚用单独的一行来描述。对于不同类型或不同传输方向的引脚,必须单独写为一行。

(2)信号传输方向。实体端口声明中的信号传输方向用于声明外部引脚是输入还是输出或双向等。信号传输方向有为几种情况:

in,表示输入,信号从端口外部器件输入到实体中的结构体内;

out,表示输出,信号从实体内的构造体输出到端口,结构体内不能再使用该信号;

inout,表示双向,信号可从外部输入端口,也可从端口输出到外部器件;

buffer,表示输出,信号从结构体输出,同时该信号还可返回结构体内再次使用;

linkage,不指定方向,无论输入或输出,哪一个方向都可连接。

其中,out,inout,buffer,linkage 都可表示信号输出,但用 out 所表示的输出信号不能再被结构体中的其他部分使用,如图 2 - 2 中的 qb 输出信号,buffer 表示的输出信号可再被结构体中的其他部分使用,如图 2 - 2 中的输出信号 q,由于采用了 buffer 描述,可作为输入信号 bkq 来使

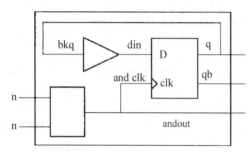

图 2 - 2　数据传输方向说明

用,inout 表示的信号是双向的,既可作为输入结构体的 andclk 信号,也可作为 andout 输出信号使用,linkage 则表示该引脚的信号传输方向不受限制,这种引脚不能被综合,通常很少使用。

（3）数据类型名。实体端口声明中的数据类型名用来声明经过端口的信号种类,在规定中共有 11 种:整数、实数、位、位矢量、布尔量、字符、时间、行、错误等级、自然数或正整数、字符串。但在逻辑电路中常用到的只有 6 种:bit、bit_vector、boolean、integer、std_logic 和 std_logic_vector。能由开发软件进行综合的通常有 bit、bit_vector、std_ulogic、std_ulogic_vector、std_logic、std_logic_vector、boolean、integer。

2. 结构体的声明

结构体是紧接在实体后面的一组用于描述实体具体功能的语句,设计电路的功能是通过对结构体的设计来体现的,结构体与芯片外界的联系则是通过实体的端口及参数来传递的。

1）结构体的基本格式

设计一个结构体,首先要给所设计的结构体取名,并按结构体的固定格式填充设计内容。程序语句为:

architecture 结构体名 of 实体名 is
［声明语句,包括:信号、常数、类型、函数、子程序体、元件、属性、配置等］;
begin
［并行处理语句,包括:并行信号赋值、进程、块、子程序、断言、元件例化等］;
end ［结构体名］;

其中,方括号中的内容是可选的。没有声明语句和并行处理语句的结构体是空结构体,空的结构体是合法的,但没有语句的空结构体没有明显的功能作用。

在程序中同时存在多个实体是合法的,同时存在多个结构体也是合法的。故为了区分某结构体属于哪个实体,每个结构体取名时都要用 of 指明该结构体属于哪个实体,并且结构体名必须是唯一的,取名以 is 结束。在 is 和 begin 后面不加分号,其他语句以分号结束。

一个结构体隐含地与相应实体的端口相接,故在实体中声明的内容在结构体内是已知的,端口被看作可进出结构体的信号,并在结构体中当作信号对象来进行赋值。一个实体通常有一个结构体,但也允许有多个结构体。

2）结构体的声明语句

结构体的声明语句位于关键字 architecture 与 begin 之间,包括对信号、常数、类型、函数、子程序体、元件、属性、配置等的声明。在这里声明的内容都是可在结构体中以并行方式执行的语句,子程序或元件等,都是全局量,因此这里不能声明变量,变量只能在进程或子程序中声明。结构体的声明语句中最常见的是对信号、元件、类型的声明。

3）结构体的执行语句

结构体的执行语句位于关键字 begin 与 end 之间,这些语句都是并行执行的,与在程序中书写的先后次序无关。并行处理语句包括:并行信号赋值、进程、块、子程序、元件调用等语句。最常见的是并行信号赋值语句、进程、过程和元件调用语句。

2.2.3　子结构体的描述

具有相对独立功能的,由若干语句集合形成的模块称为子结构体。子结构体包括 process 语句、block 语句、过程语句和函数语句等形式。

1. 进程语句的描述

进程语句的描述格式有两种方式:

第一种进程语句格式为:

［进程名］:

process（进程量清单）

［声明语句］;

begin

［顺序执行语句］;

end process［进程名］;

第二种进程语句格式为:

［进程名］:

process

［声明语句］;

begin

［顺序执行语句］;

wait on（进程量清单）［until 条件表达式］;

end process［进程名］;

进程语句描述中必须有进程量清单,它们的位置在两种表达式上是不同的,但这两种格式在执行效果上是等效的,只有当进程量清单中的任一进程量的值发生变化时进程语句才启动执行,否则进程将永远处于等待状态,因此没有进程量的进程是永远不能执行的死进程,其中进程量必须是信号,不能是变量或常量。

进程的声明语句可以是:子程序（subprogram）声明、子程序体（subprogram body）、类型（type）声明、子类型（subtype）声明、别名（alias）声明、属性（attribute）声明、变量（variable）声明、使用(use)语句。

顺序执行语句可以是等待(wait)语句、过程(procedure)调用语句、断言(assert)语句、信号代入语句、变量代入语句、条件(if)语句、case 语句、loop 语句、null 语句等。对于两种进程语句的描述格式的选取,通常在进行系统功能设计时采用第一种描述风格,而在进行测试程序的编写时通常采用第二种描述风格。

进程语句作为整体,在结构体中是并发执行的,多个进程之间具有相同的地位,但每个进程体内的执行语句则是按书写的先后顺序执行的。当进程中的其中一个敏感量变化后,进程从头开始执行一次,当最后一个语句执行完后,就返回到开始的进程语句,等待下一次变化的出现。

编写进程时需要注意的是:

(1)在一个进程的声明语句中,只能声明变量而不能声明信号,信号的声明应放到结构体的声明部分去声明。同样,结构体的声明中不能声明变量,变量声明应放到进程中去。

(2)在端口被声明为输出(out)的信号,不能用来给其他信号赋值。若需要为其他信号赋值,可设定一个中间信号,通过中间信号来给其他信号赋值,最后才将最终结果值赋给输出端口。

(3)在一个进程中,最好只做一个基本的功能,否则容易出现不同功能间在赋值时的相互影响而导致出错。

(4)由于多个进程之间是并行的关系,因此对一个信号的赋值应集中在一个进程中完成。如果有多个进程同时为某一信号赋值,会导致一个信号受到多源驱动而不知道最终应为何值,从而产生语法错误。

2. 块语句的描述

当一个结构体比较复杂时,可以将其分成几个模块,每个模块用块(block)语句来描述。块语句是一组完成某一功能的语句集合体,在块中包含的各语句是并行执行的,块语句只能出现在结构体中,并且本身在结构体中也是一个并行语句。当使用块语句后,结构体中的并行语句就变成了若干组并行语句,通过设置条件,可以控制块语句中的并行语句是否执行。因此块语句的作用是便于管理结构体中的并行语句,如果程序不大,便没有必要使用块。块语句的表达方式为:

[块语句名:]
block[卫式布尔表达式]
[类属参数声明[类属接口表,]];
[端口声明[端口接口表,]];
[块中的声明部分];
begin
  [并行执行语句];
  end block[块语句名];

　　类属参数声明、端口声明的使用方法与实体描述中的类属参数声明、端口声明方法相同。块中的声明部分与结构体中的声明方法相同,可声明信号、元件等。卫式布尔表达式是为块设置一定的条件,仅当条件满足时,即逻辑为真时才执行块中的语句。

　　块语句的并发执行分为两类:一类是无条件并发执行,另一类是有条件并发执行。没有设置卫式布尔表达式的块语句属于无条件并发执行块语句,而设置有卫式布尔表达式的块语句属于有条件并发执行的块语句,也称为卫式块(guarded block)语句。

　　当对代入语句也设置执行条件时,称该代入语句为卫式代入语句,程序语句为:

　　信号量<=guarded 敏感信号量表达式[卫式布尔表达式];

　　该卫式代入语句的执行条件为,当卫式布尔表达式规定的条件为真时,将敏感信号量表达式中的值赋给信号量,否则不执行该语句。如果没有卫式布尔表达式则该语句无条件执行。

3. 过程语句的描述

　　利用进程语句和块语句可以将若干语句构成一组语句,形成程序模块,可完成一个相对独立的功能。结构体的主体通常由进程语句和并行赋值语句构成。但有时人们要求一些程序模块不仅具有相对独立的功能,而且还可被其他程序反复调用,以便简化程序编写工作量。为此,提供了实现这种功能的语句组织方法,即子程序语句。

　　子程序(subprograms)是由顺序执行语句组成的具有独立功能的程序模块,设计者可以从程序的不同位置调用它们。从结构上看,子程序包含子程序声明部分和子程序体两部分,子程序声明仅包含接口信息,而子程序体则包含接口信息、局部声明和顺序执行语句。当主程序调用子程序时,子程序先接受主程序传来的参数,然后按内部语句顺序执行,最后将运行结果返回给调用它的主程序。子程序每次执行都要初始化,因此其内部变量的值不能保持,应在结束子程序前将变量结果赋给信号,由信号将结果带出子程序。

　　另外,子程序在返回以后才能被再次调用,故它是一个非重入的程序。子程序可以在程序中被声明,如果在程序包中被声明,它们将得到更广的应用。在一个程序包中的子程序可以用 use 语句调用到使用此程序包的任何其他设计中。子程序的声明部分必须在程序包声明部分内被声明,而子程序体则写在相应的程序包体中。

　　子程序包括过程(procedure)和函数(function)两种类型的语句描述方式。为了能重复使用过程和函数,通常将它们放置在程序包、库中。它们与程序包和库之间的关系为:多个过程、函数、其他声明语句汇集在一起构成程序包,若干程序包汇集在一起就形成一个库。

　　在选择是将子程序设计成过程或函数时,应注意两者的区别。过程可有多个返回值,而函数只有一个返回值。这样,函数的返回值可直接给某一信号或变量赋值,而过程返回的多个值不能用来赋给一个信号或变量。

　　1)过程语句的声明

　　过程语句的描述包括过程名的声明和过程体的声明两个部分,表达方式叙述为。过程名声明部分：

　　procedure 过程名[用逗号分隔的信号、变量、常数等列表:in 类型声明;

　　　　　　　　　　用逗号分隔的信号、变量列表:out(或 inout)类型声明];

　　过程体声明部分：

　　procedure 过程名[用逗号分隔的信号、变量、常数等列表:in 类型声明;

　　　　　　　　　　用逗号分隔的信号、变量列表:out(或 inout)类型声明] is

　　　　　　　　[变量、常数等声明语句];

　　begin

　　　　　　　　[顺序执行语句];

　　end [过程名];

其中,过程名后括号中的内容是接口参数列表,过程执行中要用到的所有参数应列在紧跟过程名后的括号内,但可以没有参数。接口参数包括了信号、变量、子类型、常数和端口名,端口方向包括输入(in)、输出(out)和输入/输出(inout)。在列出接口参数时应指明参数的方向和参数的数据类型。如果有的参数的数据类型不一致,应用分号隔开单独指明该参数的方向、数据类型。如果参数是信号,应在该参数前用关键字 signal 指明是信号。在没特别指明的默认情况下,输入(in)参数在处理过程中被认为是常数,而输出(out)和输入/输出(inout)在处理过程中被认为是变量,并按变量方式进行赋值。当过程的执行语句结束以后,在过程内所传递的输出和输入/输出参数值,将被复制到调用者的 out 和 inout 所指定的信号或变量中。

　　过程名的声明部分通常放在包标题的声明中以供调用,而过程体则放在包体中。过程体中的声明语句用于声明过程执行语句所要用到的变量、常数等,不能在这里声明信号。顺序执行语句是过程的主体,完成过程的预定功能,若没有这些执行语句,则过程为空过程,这在语法上是允许的。

　　2) 过程语句的调用

　　过程只有在调用时才被启动。在调用过程时,其参数的传递分为位置映射和名称映射。

　　(1) 过程调用时参数的位置映射。采用位置映射方式传递参数,各参数间用逗号分隔,按位置进行传递,因此位置顺序不能写错。程序语句为：

　　过程名 [用逗号分隔的信号、变量、常数列表等输入参数;

　　　　　　用逗号分隔的信号、变量列表等输出参数];

　　(2) 过程调用时参数的名称映射。采用名称映射方式传递参数,各参数间用逗号分隔,按被调过程声明中的参数名称=>调用时参数名称进行传递,因此参数的位置顺序可以与过程声明中的位置不同。程序语句为：

　　过程名 [被调过程输入参数名=>调用输入参数名称列表;

　　　　　　被调过程输出参数名=>调用输出参数名称列表];

如果所声明的过程没有参数,则在调用过程时也没有参数。调用过程时,参数列表中的各参数都统一用逗号分隔,不再指明方向和数据类型,但这些参数的位置顺序必须与过程声明中的顺序一致,如果有信号应在信号前用 signal 指明。

4. 函数语句的描述

函数语句是一种使用很广的子程序语句,常放在程序包中供其他程序调用。

1) 函数语句的声明

对函数的描述包括对函数名的声明和对函数体的声明两部分,函数名声明部分:

function 函数名[用逗号分隔的信号、变量、常数等列表:类型声明]
        return 数据类型名;

函数体声明部分:

function 函数名[用逗号分隔的信号、变量、常数等列表:类型声明]
        return 数据类型名 is
    [变量、常数等声明语句];
begin
    [顺序执行语句];
return [返回变量名];
end [函数名];

函数参数列表中声明的参数全是输入参数,故关键字 in 也就去掉了。输入参数可以是信号、变量、常数等。如果输入参数是信号,应在信号前用关键字 signal 指明。函数输出值通过关键字 return 返回。

函数体声明部分的参数应与函数名声明部分的参数一致。函数体声明部分中的变量、常数等声明语句用于声明函数中要用到变量、常数,不能在这里声明信号。顺序执行语句是函数的主体,完成函数的预定功能,若没有这些执行语句,则函数为空函数,这在语法上是允许的,但是必须声明函数返回值的类型。与过程一样,函数的说明部分通常放在程序包的说明部分,而函数体则放在程序包体内,这并没有被规定,也即它们可以放在程序的其他地方,只是便于在调用库时使用库中的程序包,从而系统地应用程序包中统一放置的各种预先编制好的通用函数。

2) 函数语句的调用

函数只有在调用时才被启动。在调用函数时,其参数的传递分为位置映射和名称映射。

(1) 函数调用时参数的位置映射。采用位置映射方式传递参数,各参数间用逗号分隔,按位置进行传递,因此位置顺序不能写错。程序语句为:

信号或变量名<=函数名[用逗号分隔的信号、变量、常数等列表];

(2) 函数调用时参数的名称映射。采用名称映射方式传递参数,各参数间用逗号分隔,按

被调函数声明中的参数名称=>调用时参数名称进行传递,因此参数位置顺序可以与过程声明中的位置顺序不同。程序语句为:

信号或变量名<=函数名[被调函数输入参数名=>调用函数输入参数名称列表];

函数的输入参数值由调用函数复制到输入参数中,如果没有特别指定,这些参数在函数语句中按常数处理。

2.2.4 结构体描述方法

在编写结构体中的内容时,按照对硬件行为和功能的描述方法不同,通常可采用 3 种不同的风格来组织程序,即可对结构体按照行为描述方式、寄存器传输级方式和结构化描述方式来组织程序内容。

1. 结构体的行为描述方式

采用行为描述方式来组织程序的结构体设计,主要用于对系统的数学模型或工作原理进行仿真。设计有专用于系统硬件在高层次上进行行为描述的语句,如算术运算、关系运算、惯性延时、传输延时等。但受芯片制造工艺的局限,采用行为描述方式编写的程序难于进行逻辑综合或实现,甚至有的根本就不能进行逻辑综合或实现,也有的软件开发平台会忽略这些不能实现的描述,这是用这种方式编程的缺点。造成这些问题的主要原因在于采用行为描述方式来编程时,可能会用到延时语句、时间类型数据、实型数据以及相关的类属语句描述等可编程 ASIC 芯片难于实现的目标。因此行为描述是对系统数学模型的抽象描述。

用于结构体行为描述的语句主要有代入语句、延时语句、类属语句、进程语句、块语句、子程序等。

1)延时语句

在延时语句有惯性延时(inertial)和传输延时(transport)两种。延时语句只用于行为仿真。如延时语句让信号延迟 3 s 后再赋给另一信号,但事实上信号是不可能在芯片中停止 3 s 的,故芯片无法实现该语句要求的功能,这样在对程序进行逻辑综合时,该延时语句将被忽略。

惯性延时指当系统或器件输入信号要发生变化时,由于存在一定的惰性而不会立即使输出发生改变,必须有一段时间的延时,其延时时间称为系统或器件的惯性延时。惯性延时是默认的延时,如不做特殊声明,在各延时语句中指出的延时均为这种延时。

惯性延时具有这样的特点,当一个系统或器件的输入信号持续时间少于系统或器件的惯性延时,其输出将保持不变。其结果是在输入信号值维持期间,如果存在任何毛刺、短脉冲等周期少于器件本身的惯性延时的变化,输出信号的值将保持不变,只有持续时间大于器件惯性延时的信号能引起器件输出的变化。

惯性延时的表达方式为:

信号量<=[inertial]敏感信号量表达式 after 延时时间量;

　　传输延时指信号经过总线、连接线以及 ASIC 芯片的相关路径时,由于信号在传输过程中存在充放电所产生的延时。传输延时不是默认的延时,必须在相应语句中明确声明。由传输线引起的延时是一种连线传输延时,在这种延时中,不管输入脉冲持续时间有多短,都会在输出端产生一个与输入信号相同但具有指定延时值的输出信号。传输延时适用于对延时线器件、PCB上的连线延时和可编程逻辑器件芯片上通道延时的描述。

　　传输延时的表达方式为:

　　信号量<=transport 敏感信号量表达式 after 延时时间量;

　　传输延时格式中的关键字 transport 不能省。

　　2) 信号的多元驱动

　　在总线应用中,会遇到多个信号源为一个输出引线提供驱动的情况。在 std_logic_1164 包中专门定义了判决函数,用判决函数来解决在多源驱动时究竟应输出哪一个值。

2. 结构体的寄存器传输级描述方式

　　寄存器传输级(RTL)描述方式也称数据流方式,是一种以寄存器和组合逻辑为设计对象的设计方法,主要采用通常的逻辑方程、顺序控制方程、子程序描述,其设计的硬件功能可以由设计的元件明显地给出,也可通过推论隐含地给出。由于它的设计是基于实际元件的真实功能,因此是真正可以进行逻辑综合的描述方式,而行为描述方式编写的程序只有在改写成 RTL 描述方式后才能进行逻辑综合。这种改写简单地讲就是改写行为描述中与延时有关的语句和实数类型等,因为这些语句是不能进行综合的。

　　1) 功能描述和硬件一一对应的 RTL 描述方式

　　在用 RTL 描述方式进行编程时,主要有功能描述的 RTL 描述方式和硬件一一对应的 RTL 描述方式两种。其中第一种方式在描述时,只关心设计对象对外应满足的功能或逻辑方程,而不关注于这些功能在硬件中具体是怎样实现的细节,把硬件的内部看作黑盒子,这种方法的设计难度相对要小些。第二种设计方式则必须了解电路内部是怎样形成的,采用了哪些器件,它们之间是如何连接的,它的好处是对硬件结构及时序关系比较清楚,便于发现问题和修改。

　　在用 RTL 描述方式进行编程时使用寄存器或组合逻辑有区别:描述寄存器通常要用到时钟信号作为敏感量,但有时时钟信号未必生成寄存器。if 条件语句的条件若未完全指定,则隐含指明要生成寄存器或锁存器。if 条件语句的条件若已完全指定,不论是否使用 else 语句,都隐含指明只生成组合逻辑。

　　2) 组合逻辑电路设计方法

　　采用 VHDL 设计某一功能的电路,会有很多种不同的方法。

　　(1) 对不同库的使用。进行设计时,同样的实体和结构体描述,所采用的元件库和程序包不同,则生成的元件不同。

　　(2) 任意项的描述。在输入中有任意项时,应尽量避免。为了排除对输入项中可能出现的任意项处理,可用 if 语句限制输入可能的范围,使程序只对满足条件的进行处理。

3) 时序电路设计方法

时序电路的描述中,往往要用到进程语句,并以时钟信号的边沿跳变为进程的执行条件。因此进程的敏感量中应有时钟信号,或在进程中设置 wait on 语句来等待时钟。当时钟的电平发生变化时,便启动进程执行。此外,在进程的敏感量中,不能出现一个以上的时钟信号,比如在进程的敏感量出现 CLKl、CLK2 两个时钟信号,并用它们来驱动不同的寄存器。但可用一个时钟信号来驱动寄存器,而另一时钟信号用来驱动组合逻辑电路。

(1)时钟边沿的描述。为了描述时钟的边沿,要用到时钟信号的属性,以此反映时钟的变化是从'0'到'1'还是从'1'到'0'。

上升沿的描述:

clk = '1' and clk' last_vaule = '0' and clk'event

它表明时钟信号的当前值为'1',即 clk = '1',时钟信号的过去值为'0',即属性值 clk'last_vault = '0',用 clk'event 表示发生了一个事件,三者结合起来表示上升沿的到来。

下降沿的描述:

clk = '0' and clk'last_vaule = '1' and clk'event

它表明时钟信号的当前值为'0',即 clk = '0',时钟信号的过去值为'1',即属性值 clk'last_vaule = '0',用 clk'event 表示发生了一个事件,三者结合起来表示下降沿的到来。

也可将上升沿与下降沿的描述合并为为的描述:

current_value and clock_signal'last_value and clock'event

或简单描述为:

clock_signal'event and current_value

(2)寄存器的同步与异步复位。寄存器在初始工作时,其状态往往是随机的,必须通过复位使寄存器进入预定的已知状态。对寄存器的复位可以分为异步复位和同步复位两种。

①异步复位。异步复位指一旦复位信号有效,寄存器就被复位,不管此时时钟信号是否达到或存在。在描写这种方式的复位时,if 语句描述的复位条件放在最外层,如果要用到时钟,用 elsif 或内层 if 语句描述时钟信号的边沿。异步复位的描述方式为:

```
process (reset_signal, clock_signal, reset_value, signal_in)      --声明进程
  begin                                            --进程进程开始
      if (reset_condition) then         --异步复位条件有最高的执行优先权
          signal_out<=reset_value;          --对信号进行复位
      elsif (clock_event and clock_edge_condition) then  --否则程序受时钟控制
```

```
        signal_out<=signal_in;              --在时钟驱动下进行赋值
    end if;                                  --结束条件语句
  end process;                               --结束进程
```

② 同步复位。同步复位是当复位信号有效,且在给定的时钟边沿到来时,触发器才被复位。它必须在以时钟为敏感信号的进程中定义,且 if 语句所限定的时钟条件放置在多选条件的最外层,其他复位条件在内层或用 elseif 限定。同步复位的两种典型描述为:

方式 1:

```
process(clock_signal,reset_condition)       --声明进程和复位信号敏感量
begin                                        --声明进程开始
    if(clock_edge_condition) then            --用时钟限定同步复位条件
      if(reset _condition) then              --其他复位条件的设置
        signal_out<=reset_value;             --信号同步赋值
        ……                                  --其他语句
      end if;                                --结束内层复位条件语句
    end if;                                  --结束外层同步复位条件语句
  end process;                               --结束进程
```

方式 2:

```
process                                      --声明进程
begin                                        --声明进程开始
wait on(clock_signal) until (clock_edge_condition);   --时钟同步复位条件
    if(reset_ condition) then                --其他复位条件的设置
      signal_out<=reset _value;              --信号同步赋值
        ……                                  --其他语句
    end if;                                  --结束时钟同步复位条件语句
  end process;                               --结束进程
```

同步复位的第一种典型描述方式多用于系统功能的设计中,而同步复位的第二种典型描述方式多用于仿真测试程序的描述中。

3. 结构体的结构描述方式

结构体的结构描述方式是一种多层模块的设计方法,它通过高层模块对低层模块的逐层调用和模块间的信号传递,可以利用已有的设计成果实现复杂的系统功能。因此程序所表示的是该实体是由哪几部分组成的,其中每一部分与另外某个实体端口通过信号线是怎样连接的,故结构描述方式是整个实体结构的层次化和结构化的体现。这种设计方法的设计效率高、电路结构清晰,与电路图中的器件可以一一对应,但要求设计人员有较多的元件知识。

1）元件层设计方法

元件层的设计采用最基本的语句，如代入语句和条件语句、进程语句等，组成门级组合逻辑电路和寄存器、计数器等时序电路，以及由它们结合所形成的混合电路，将这些基本结构体封装在一个实体中就形成可供高层调用的元件。在这个层次上，主要采用 RTL 描述方式进行编程。

2）芯片层的设计方法

芯片层的设计是指在一片可编程芯片上，通过对在元件层已经设计完成的现有元件进行调用，以构成功能更强的实体，形成有独立对外功能的芯片硬件。

（1）被调元件声明。在调用元件前，应该在例化元件的结构体中对被调用元件的外观性能进行声明，格式为：

component 元件名

    ［generic（内属参数名［:类型:=参数值］;

           其他内属参数描述列表）;

    port   （端口名:方向 数据类型;

           其他端口描述列表）;

end component;

（2）元件的例化。元件的例化即上层结构体生成元件时对下层元件的调用。在调用元件时，已经在其他实体的结构体中定义的元件，就成为当前结构体中的被调元件，其位置在结构体中的执行语句部分。元件例化的表达方式为：

例化元名称:元件名［generic map（内属参数赋值列表）］

                  port map   （端口与信号的映射列表）;

例化元名称是下层元件被例化为本结构体中具有相同功能元件时的别名。元件例化时，在内属参数赋值部分要给新形成的例元逐一赋给内属参数的具体数值，用以指明该例元区别于其他同类元件的独有特性。如在被调用元件声明中描述为 generic（rise,fall:time），则元件例化时可赋值为 generic map（4 ns,3 ns），这里的 4 ns,3 ns 就是具体的时间值，这两个数据有相同的时间类型，相互间可用逗号分隔。

元件例化时端口映射中要指明该例元的端口是同哪些其他信号或端口进行怎样的连接。例元与被调元件的端口进行映射连接的方法分为位置映射和名称映射两种。位置映射指例元端口映射 port map（ ）中指定的本层结构体中的信号位置书写顺序与被调元件的端口中信号的书写位置一一对应。名称映射指将下一层被调用元件端口中各信号的名称，通过符号 => 与本层结构体的信号进行一一对应的连接。

（3）generate 语句的描述。在某些设计中会遇到元件的重复例化结构，如果对每一个例元都要写一个例化语句会显得很累赘，这时可用 generate 语句来自动产生这种重复的例化结构。

generate 语句有 for-generate 和 if-generate 两种。由这两种语句类型所生成的例元不是按书写顺序来生成的,而是并发生成的,语句执行是并发执行的。

① for-generate 语句的描述。for-generate 语句描述的表达方式为:

标号名:for 整型变量 in 变量下限 to 变量上限 generate

begin

例元名称:元件名 port map$(N_1 , N_2 , \cdots , N_k , M_1 , M_2 , \cdots , M_k)$;

end generate[标号名];

for-generate 语句描述方式适用于对相同元件的批量例化。其中的整型变量不用预先进行声明,直接在这里指定一个变量即可。变量下限 to 变量上限指定了要例化的元件的个数,是一个整数值区间。

② if-generate 语句的描述。if-generate 语句描述的表达方式为:

标号名:if 条件 generate

begin

例元名称:元件名 port map$(N_1 , N_2 , \cdots , N_k , M_1 , M_2 , \cdots , M_k)$;

end generate[标号名];

if-generate 语句中的元件端口映射可采用位置映射或名称映射。

3) 多层级的设计方法

在一般的设计中,用一片可编程芯片就能完成预定的设计功能。但在有的项目设计中,希望用多个芯片组成的电路板来描述一个系统,甚至用多个电路板系统组成更大的系统。要描述这些更多层级的系统,其方法是将低层系统作为本级的下一层元件,并通过元件例化来完成本层系统结构体的设计。进行多层级设计时,常用到块(block)语句。

2.2.5　配置语句的描述

一个完整的程序设计必须有一个实体和对应的结构体,但一个实体可对应一个或多个结构体,即一个实体可以有不同的描述方式。当实体有多个结构体时,系统默认实体选用最后一个结构体。配置(configuration)语句在程序中不是必需的部分,但利用配置语句使设计者可以任意选择采用哪一个结构体。在进行实体仿真时,利用配置选择的不同结构体可以进行对结构体的性能对比试验,以得到性能最佳的结构体。

配置语句由配置语句的声明和对元件的具体限定性选取配置声明两部分构成。配置语句的声明部分位于程序结构体的结束后的位置,而对元件的具体限定性选取配置声明用于选择对结构体部分位于的声明部分,其作用是描述层与层之间的连接关系以及实体和结构体与其他实体相结构体所声明的元件之间的连接关系。

1. 配置语句的声明

配置语句的声明部分位于结构体描述结束之后,程序语句为:

configuration 配置标识名 of 实体名 is

    for 选择要配置的结构体名称

        [元件配置声明];

    end for;

end[配置标识名];

其中,配置标识名是为配置取的名字,实体名是配置语句选择的实体,表示配置标识名所进行的配置是对该实体名所指实体进行的配置。for 后面的内容是选择要配置的结构体名称,由于一个实体可能有多个结构体,因此指定的是实体中的某一个结构体的名称。元件配置声明用于选择对结构体中的某些元件进行配置。如果在结构体或块的声明部分没有对元件的声明,[元件配置声明]部分不能有。

配置语句的声明部分最简单的默认配置格式为:

configuration 配置标识名 of 实体名 is

    for 选配构造体名

    end for;

end 配置标识名;

这种配置用于选择不包含元件的结构体或块,在配置语句中只包含有实体名所选配的结构体名,其他什么也没有,否则就要使用 use 语句。

2. 配置元件使用的声明

配置元件的使用声明部分的格式分为 for all 和 for others 两种形式。

1)配置元件的 for all 声明格式

for all 声明格式可进一步分为以下三种配置细节。

(1)使用配置名进行的元件配置,程序语句为:

for all:例元名列表:元件名 use configuration 配置名

        [generic map(元件相关类属参数列表)]

        [port map(元件相关端口列表)];]

    end for;

该配置表示对所有由例元名列表中列出的通过例化得到的元件,都使用由元件名指定的元件。例元名列表指各个例元元件的名字,如有多个例元,相互之间用逗号隔开。use configuration 后的配置名指明该元件是如何配置的,即配置语句的声明部分指明的该元件源自哪个实体和结构体。generic map 和 port map 指出元件例化时的参数和端口映射,是可选项。

（2）使用实体和结构体名进行的元件配置，程序语句为：

for all：例元名列表：元件名 use entity 实体名［（结构体名）］

　　　　　［generic map（元件相关类属参数列表）］

　　　　　［port map（元件相关端口列表）］；］

end for；

该配置表示对所有由例元名列表中列出的通过例化得到的元件，都使用由元件名指定的元件。use entity 后的实体名和结构体名指明该元件是源自哪个实体和结构体。generic map 和 port map 指出元件例化时的参数和端口映射。这种配置用于未做过配置语句声明的情况，由于此时没有配置标识名来限定元件，故利用 use entity 实体名［（结构体名）］来限定元件例化时的元件选取。

（3）不限定实体和结构体进行的元件配置，程序语句为：

for all：例元名列表：元件名 use open

end for；

该配置表示对所有由例元名列表中列出的通过例化得到的元件，都使用由元件名指定的元件。由于这里没有指明实体和结构体，因此进行元件例化时的元件来源不受限制。

2）配置元件的 for others 声明格式

for others 声明格式也可进一步分为三种配置细节。

（1）使用配置名进行的元件配置，程序语句为：

for others：例元名列表：元件名 use configuration 配置名

　　　［generic map（元件相关类属参数列表）］

　　　［port map（元件相关端口列表）］；］

end for；

该配置表示对除了由 for all 或其他选择后所指定的元件以外的其他剩余例元，都采用由例元名列表中列出的元件，use configuration 后的配置名指明该元件是如何配置的，即配置语句的声明部分指明的该元件源自哪个实体和结构体。generic map 和 port map 指出元件例化时的参数和端口映射。

（2）使用实体和结构体名进行的元件配置，程序语句为：

for others：例元名列表：元件名 use entity 实体名［（结构体名）］

　　　［generic map（元件相关类属参数列表）］

　　　［port map（元件相关端口列表）］；］

end for；

该配置表示对除了由 for all 所指定的元件以外的其他由例元名列表中列出的通过例化得到的元件,都使用由元件名指定的元件。use entiy 后的实体名和结构体名指明该元件是源自哪个实体和结构体。generic map 和 port map 指出元件例化时的参数和端口映射。这种配置用于未做过配置语句声明的情况,此时没有配置名来限定元件,故利用 use entity 实体名[(结构体名)]来限定元件例化时的元件选取。

(3)不限定实体和结构体进行的元件配置,程序语句为:

for others:例元名列表:元件名 use open

end for;

该配置表示对除了由 for all 所指定的元件以外的其他由例元名列表中列出的通过例化得到的元件,都使用由元件名指定的元件。由于这里没有指明实体和结构体,因此进行元件例化时的元件来源不受限制。

当在一个实体中完成了对配置的说明以后,就可在其他实体中通过配置语句声明,指明例元表中所用到的元件所在的实体的结构体或块,从而建立起两个实体间的关联。

可编程逻辑器件开发设计硬件描述语言 Verilog HDL 程序设计

主要任务:

(1) 了解硬件描述语言 Verilog HDL 模型层次和描述方式。

(2) 掌握硬件描述语言 Verilog HDL 的语法结构与规则、程序运算符、程序条件选择语句、程序循环语句等程序设计基础知识。

(3) 掌握 VHDL 硬件描述语言程序设计方法和设计技巧,熟悉复位、时钟、总线、三态门等电路基本要素的编程技巧,以及毛刺、阻塞、综合、组合等电路现象的编程技巧,掌握函数、任务应用中的技巧。

(4) 通过例题的学习,能够仿照例题编写相关的 Verilog HDL 硬件描述语言程序。

3.1 掌握硬件描述语言 Verilog HDL 程序设计基础

3.1.1 Verilog HDL 模型层次

Verilog HDL 模型是实际电路不同级别、不同层次、不同程度上的抽象,可以分为系统级、算法级、RTL 级、门级和开关级 5 个层次。

(1) 系统级(System-Level)模型。指用语言提供的高级结构能够实现所设计模块的外部性能的模型。

(2) 算法级(Alogrithm-Level)模型。指用语言提供的高级结构能够实现算法运行的模型。

(3) RTL 级(Register-Transfer-Level)模型。指描述数据在寄存器之间的传输和如何处理控制这些数据传输的模型。综合工具能够把 RTL 描述翻译到门级,因此这一级更常见的情况是由 EDA 工具而非设计者使用。

(4) 门级(Gate-Level)模型。指描述逻辑门与逻辑门之间连接的模型。

(5) 开关级(Switch-Level)模型。指描述器件中三极管和存储节点及它们之间连接的模型。

系统级、算法级、RTL 级都属于行为型描述,并且只有 RTL 级才与逻辑电路有明确的对应关系。抽象层次越高,描述越灵活,越不依赖设计技术,一个语言上微小的改动可能造成实际电路中大的改变。

3.1.2 Verilog HDL 语言的描述方式

Verilog HDL 语言的描述方式分为三类：行为型描述、结构型描述与数据流型描述。

（1）行为型描述指对行为与功能进行描述，它只描述行为特征，而没有涉及用什么样的时序逻辑电路来实现，因此是一种使用高级语言的方法，具有很强的通用性和有效性。

（2）结构型描述指描述实体连接的结构方式，它通常通过实例进行描述，将 Verilog 已定义的基元实例嵌入到语言中。

（3）数据流型描述指通过 assign 连续赋值实现组合逻辑功能的描述。

三种方式中，行为型描述方式注重整体与功能，语句可能更简略，但写出来的语句可能不能被硬件所实现，即不能被综合。门级开关级结构型语句通常更容易被综合，但可能语句显得更复杂。在实际开发中往往结合使用多种描述方式。

3.1.3 Verilog HDL 程序结构与规则

1. 程序描述——模块、端口和变量

通过举例说明语言结构中的模块、端口和变量。

［例 3-1］行为型描述方式

```
module mux2_1(a,b,s,y);
        input a,b;
        input s;
        output y;
        assign y=(s==0)? a:b;
endmodule
```

［例 3-2］数据流型描述方式

```
module mux2_1(a,b,s,y);
        input a,b;
        input s;
        output y;
        wire d,e;
        assign d=a&(~s);
        assign e=b&s;
        assign y=d|e;
endmodule
```

（1）从例 3-1 和例 3-2 中认识程序的基本结构：

① 所有的程序都置于模块 module 框架结构内。

② 模块是最基本的构成单元。

③ 一个模块可以是一个元件或者一个设计单元。

④ 类似于函数调用在程序中的作用,底层模块通常被整合在高层模块中提供某个通用功能,可以在设计中多处被使用。

⑤ 高层模块通过调用、连接底层模块的实例来实现复杂的功能,调用时只需要定义输入输出接口,而不用关注底层模块内部如何实现,为程序的层次化与模块化提供了便利,利于分工协作与维护。

（2）从例 3 - 1 和例 3 - 2 中认识程序的模块与端口:

① 模块是通过一对关键词 module 和 endmodule 定义的,分别出现在模块定义的开始和结尾:

```
module <模块名>(模块端口列表);
        <声明>;
        <功能描述>;
endmodule
```

② 模块名是该模块的唯一标识符。

③ 端口列表列举了该模块与外部电路连接的所有端口(输入、输出及双向端口)。

④ 模块的内容包括声明与功能描述两个部分。声明部分包括 I/O 端口声明和模块内部用到的变量的声明;功能描述部分定义了模块的功能。

例 3 - 1 和例 3 - 2 中程序行 1 为模块定义关键词 module、模块名和模块端口列表,其后以分号结尾。该模块共包括 4 个端口:输入端口 a,b,s 和输出端口 y,这 4 个端口在程序接下来的部分得到了进一步声明(行 1,2 之间)。

⑤ 端口类型有 input(输入)、output(输出)和 inout(双向端口)三种。端口类型声明描述了端口信号的传输方向。

⑥ 除了模块端口列表中的端口需要明确声明外,模块中用到的变量都需要声明。

（3）从例 3 - 1 和例 3 - 2 中认识程序的基本变量:

① 变量类型有网表类型(net)和寄存器(reg)类型两类,每一类又可细分为多种,比如网表型可有 wire,tri,tri1,supply0,wand,triand,tri0,supply1,wor,trior 和 trireg 等类型,而寄存器型有 reg,integer,real,time 和 realtime 等类型。

② 网表型变量类型代表了构造实体(如逻辑门)之间的物理连线。一个网表变量不能保持数据(除了 trireg net 型)。网表变量可通过连续赋值语句(assign 语句)或逻辑门驱动,并且需要驱动源的持续驱动,当驱动源的值改变时,它的值也随之改变。如果一个网表没有和任何驱动源相连,则其值为高阻态(z)。wire 型网表是应用频率最高的网表型数据,它用于单个门驱动或

者连续赋值语句驱动,其他类型用于多个源驱动及模拟一些线路逻辑。

模块的功能在定义部分完成之后进行描述(行2,3之间)。assign y=(s==0)? a:b;为一条连续赋值语句。连续赋值语句能够给网表变量(包括矢量及标量类型)赋值。只要等号右边的表达式值发生变化,这种赋值行为就会立刻发生。连续赋值语句能模拟组合逻辑,它不使用逻辑门实例,作为替代,使用了算术表达式。连续赋值可以在变量声明的时候进行(如 wire y=(s==0)? a:b;),也可通过特定的赋值语句(assign 语句)实现,如例1所示。

s==0? a:b 为一条件表达式。式中条件操作符"?:"为三目操作符,由两个操作符隔离三个操作数构成:

表达式1? 表达式2:表达式3

执行操作时,首先会计算表达式1的值,如果表达式1的值为0,那么将计算表达式3的值,作为条件表达式的最后结果;如果表达式1的值为1,则计算表达式2的值,并作为条件表达式最后的结果。

因此,例3-1中程序行3功能是给 wire 型变量 y 赋值,当 s 为逻辑0时,y 状态和 a 相同,否则和 b 相同,实现了二选一数据选择器功能。

模块结束行用关键词 endmodule 标志模块的结束,应注意其后无分号。

一个源文件必然包含一个顶层模块,顶层模块不用被实例化,处于整个系统的最上层,在其内部可以调用多个底层模块的实例。

模块功能描述部分只允许存在三类描述语句:过程块(initial 块、always 块)、连续赋值语句(assign)和实例引用语句。这三者是并行的,表示实际电路的连线方式,与它们在模块中出现的先后顺序无关。例3-1和例3-2认识了连续赋值方式(assign)实现的电路,通过实例引用语句也能设计实现同样功能的电路(例3-3)。

[例3-3]

```
module mux2_1 (a,b,s,y);
        input a,b;
        input s;
        output y;
        wire d,e,ns;
        not gate1(ns,s);
        and gate2(d,ns,a);
        and gate3(e,s,b);
         or gate4(y,d,e);
endmodule
```

例3-3中调用了多个底层模块,调用模块(基元)的过程,称为实例化。调用完之后,这些

电路中的模块单元称为实例(Instance)。每个实例有其自身的名称、变量、参数及接口。实例的使用格式为:

<模块名><实例名><端口列表>

例 3-3 调用了非门、与门和或门的实例。"not gate1(ns,s)"表明调用了一个 not 模块的实例,实例名为"gate1",它的接口有 ns 和 s 两个信号。"not"模块在 Verilog 中已预定义,已定义的功能模块称为基元(primitive),基元在实例化时可省略实例名,如 not(ns,s)。

同样,"mux2_1 my_mux(d0,d1,sig,outx)"表明调用了一个 mux2_1 的实例,实例名为"my_mux",对应接口有 d0,d1,sig 和 outx。一条语句可以多次调用某个模块的实例,如:

wire d0,d1,sig1,out1;

wire d2,d3,sig2,out2;

mux2_1 my_mux1(d0,d1,sig1,out1);

mux2_1 my_mux1(d2,d3,sig2,out2);

模块的定义与实例既有联系又有不同。模块的定义只是说明该模块的功能与接口,它只提供了一个模板,它要在电路中获得实际应用与实现需要被调用,不允许嵌套定义模块,即一对 module 和 endmodule 之间只能定义一个模块。但一个模块内可以通过实例的方式多次调用其他模块。

2. 程序描述——语句与赋值

[例 3-4]

module d_ff(q,qb,d,clk);

output q,qb;

input d,clk;

reg q;

always @ (posedge clk);

begin

　　q=d;

　　qb=~q;

end

endmodule

例 3-4 的程序结构基本相同,都由模块关键词(module-endmodue)把程序包含在其内,程序开始部分仍然是端口声明和变量声明,但其特征有:

(1)程序行 2 中出现了另一种变量类型:存储器型变量类型,其类型定义的关键词是 reg。一个寄存器能够保持其最后一次的赋值,不需要驱动源,与网表型变量有很大的区别,综合时可能被优化掉,也可能被综合成锁存器、触发器等。reg 型变量初始化后默认值是未知的,即 x。需要注意的是,寄存器只能在 always 语句和 initial 语句中通过过程赋值语句(使用符号"<="或者"="")进行赋值,此时赋值语句的作用如同改变一组触发器的存储单元的值。

(2)程序行 3 为 always 结构,后面跟了一个时间控制语句。过程块 always 结构将重复连续执行,持续整个模拟过程,具有循环特性,因此只用在一些时间控制场合。时间控制方式有:

① 通过延时表达式(关键词"#")实现,可以通过表达式定义程序执行到该语句到该语句确实被执行的延迟时间,程序将以此推迟语句的执行时间。如果定义延时的表达式的值未知或者为高阻值,它被认为是 0 延迟;如果延迟表达式值为负值,则被当作无符号整数(负数的补码形式)处理。延迟表达式可以是电路状态变量的动态函数,也可以是确定的数值。但应注意,延迟控制是不能被综合器综合的,因而主要用于测试模块及仿真调试中。在测试模块中定义激励波形描述时,延迟控制是其重要的特点。如:

#20 b=a;	//延时 20 个时间单位
#(a+b) b=a;	//延时(a+b)个单位
always # per areg=~areg	//产生一个方波,周期为 2 倍 per

② 通过事件表达式(关键词"@")实现,它允许执行语句延时,直到某模拟事件的发生,例如网表或者寄存器的值改变。因此网表或者寄存器值发生改变的事件可用来触发语句的执行,还可指明触发信号变化的方向,是变为 1(上升沿)还是变为 0(下降沿)。

下降沿触发指变量值从 1 变为 x,z,或者从 x,z 变为 0,用 negedge 表示。上升沿触发指变量值从 0 变为 x,z,或者从 x,z 变为 1,用 posedge 表示,如表 3-1 所示。

表 3-1 上升沿和下降沿

from\to	0	1	x	z
0	NO	posedge	posedge	posedge
1	negedge	NO	negedge	negedge
x	negedge	posedge	NO	NO
z	negedge	posedge	NO	NO

如果表达式结果为矢量,那么边沿事件会在最低有效位检测,其他位的变化不会对检测产生影响。事件表达式时间控制结构,如:

@clk b=a;	//clk 值一旦改变即会执行 b=a(电平触发)
@(posedge clk)b=a;	//clk 的上升沿触发 b=a(边沿触发)

通过 or 操作符,可以获得事件的或逻辑,只要有一个事件发生,就能触发相应过程语句的执行。如:

@(clk_a or clk_b)b=a;

@(posedge clk_a or posedge clk_b or en_tr)b=a

由此例 3-4 的程序行 3 的功能为循环检测,只要 clk 上升沿到达就执行相应语句。always 结构为过程块,结构中的语句也称为过程语句,如果语句超过一句,则需要用关键词 begin 和 end 把它们包括起来组成一个块语句。

块语句指两个或更多的一组语句组合,在语句构成上类似于一单条的语句。"begin-end" 块为一种块语句,即顺序块语句,以关键词 begin 和 end 界定,块中的过程语句将按照出现的先后顺序执行。顺序块有如下特点:语句按先后顺序执行;如果语句有延时控制,则其延迟起始时刻为上条语句的执行时间;最后一条语句执行完后,该块语句将失去控制权,即程序将跳出该块语句。如:

begin

a=b;

@(posedge clk)c=a;

end

执行上面两条语句时,首先执行第一条语句,然后等待,直到 clk 上升沿到来时执行第二条语句,对 c 进行赋值。

因此,例 3-4 的程序行 4、5 执行时,首先把 d 的值赋给 q,然后把更新后的 q 值赋给 qb,这种过程块中通过"="进行赋值的方式称为阻塞过程赋值。一条阻塞过程赋值语句执行完后,才能执行相同顺序块中接下来的语句。这个过程是发生在 clk 的上升沿到来时,整个 always 块构成了 D 触发器的逻辑功能描述。

除了阻塞过程赋值,过程块中的赋值还包括非阻塞过程赋值(符号"<=")等,它们统称为过程赋值。过程赋值语句用来更新寄存器类型变量的值。过程赋值与例 3-1 和例 3-2 中所使用的连续赋值区别是非常明显的:连续赋值用于驱动网表变量,一旦输入操作数改变,数据便会更新;过程赋值用于过程块中给寄存器赋值,在过程结构控制下更新相关寄存器的值。语法上,过程赋值同连续赋值语句类似,但是不需要关键词 assign,右边仍然可以为任意表达式,而左边则要求是寄存器类型变量。

阻塞过程赋值和非阻塞过程赋值这两种赋值语句在顺序块中执行的方式是不同的。顾名思义,阻塞过程赋值语句将阻塞进程,直到该赋值事件执行完才执行下一条语句,阻塞过程赋值语句格式为:

b=a;

b 为赋值对象,"="为赋值操作符。阻塞赋值语句也可通过延时(如#per,延迟 per 个单位时间)或者事件(如@(posedge clk),clk 的上升沿)控制其执行时间,只有在执行时刻才计算等

号右边的表达式值,并赋值给左边。如:

```
always @( posedge clk )
begin
    Q=D;
    B=Q;
end
```

在 clk 时钟的下降沿,Q=D 和 B=Q 两条语句是先后执行的,最后结果相当于 $Q_{n+1}=D_n$, $B_{n+1}=Q_{n+1}=D_n$。

与阻塞过程赋值语句不同,非阻塞过程赋值语句不会阻塞进程,直到整个块的操作执行完才一次完成赋值操作。非阻塞过程赋值语句往往用于几个寄存器需要同一时刻赋值的情况,程序运行到一条非阻塞过程赋值语句时,将产生一个赋值事件,但并不立刻执行该赋值操作,而是继续往下执行,当整个块操作执行完之后,再一起执行所有的这些赋值事件。非阻塞赋值语句语法为:

```
b<=a;
```

其中,"<="是非阻塞赋值操作符。如:

```
always @( posedge clk )
begin
    Q<=D;
    B<=Q;
end
```

程序中,执行到 Q<=D 语句时,并不阻塞进程立刻进行该赋值操作,而是整个 begin-end 块执行完后,才一起同时对 Q、B 赋值,因此相当于 $Q_{n+1}=D_n$, $B_{n+1}=Q_n=D_{n-1}$。

一个过程块中可包含阻塞型与非阻塞型两种过程赋值,如:

```
begin
    a=0;
    b=1;
    a<=b;
    b<=a;
end            //一起执行赋值操作,因此 a=1,b=0
```

这种方式容易产生逻辑上的混淆,设计上和阅读上都产生不便,因此推荐的做法是阻塞型过程赋值和非阻塞型过程赋值分开,同一个过程块中仅使用同一种类型的过程赋值语句。另外,当右端数据的位数与左边变量不等时,对 reg 变量类型赋值和对 real,realtime,time 或者

integer 变量赋值是不一样的,对 reg 赋值不会进行带符号的扩展。

连续赋值语句驱动网表的方式类似于逻辑门驱动网表,等式右边的表达式可以认为是一个驱动网表连续变化的门电路。与之对比,过程赋值是把值放入寄存器,这种赋值方式显然没有持续时间的概念,它将保持当前赋值直到下次被赋值。

过程赋值语句发生在过程块中,比如 always,initial,task 及 function 等中,可以看成触发方式的赋值,当程序执行到这条过程语句时,触发便会发生。程序能否执行这条语句可以通过条件进行控制。时间控制、延迟控制、if 语句、case 语句、循环语句等都可以用来控制过程赋值。

3. 程序描述——基本规范

(1)空白符。空白符包括空格符、制表符、换行符和分页符等。同 C 语言一样,空白符(在字符串中的除外)在编译仿真时会被忽略,在程序中只起分隔的作用,使排版和结构清晰,便于阅读,提高程序的可读性。因此,程序中加入适当的空白符是非常必要的。

(2)注释。程序往往需要添加一些注释行,解释程序段的作用,标记与程序有关的信息等,以便于阅读查证。添加注释行是一种非常好的编程习惯。注释行同样会被编译器和仿真器所忽略,程序员可以在任意地方添加注释。可以以两种方式进行注释:

① 以"//"进行单行注释。这种方式表明自"//"开始,到该行结束,都被认为是注释。这种注释方式最简单明晰。

② 以"/*"和"*/"进行多行注释。这两者之间的内容都会被认为是注释,不允许嵌套。这种方式比较灵活,允许注释多行,以及在一行中注释多处。

(3)标识符与命名规则。标识符指程序中的各种对象,比如模块、端口、实例、程序块、变量、常量等的唯一名称。例如"module T_FF…;"定义了一个标识符 T_FF,又如"input a;"定义了标识符 a。有了标识符,这些对象就能在程序中方便地被引用。

标识符的命名规则:标识符可以是任意字母、数字、美元符号"$"和下划线"_";第一个符号不能为数字或"$",可以是字母或者下划线;标识符区分大小写。

标识符还可以反斜线字符(\)开头,以空白符结尾,这种方式使标识符可以包含任意可印刷的 ASCⅡ 字符。反斜线字符和最后的空白符不会被认为是标识符的一部分,如"\myname"等同于"myname"。

(4)关键词。关键词是已经被使用的保留词,有其特定专用的作用,用户应避免定义与关键词相同的标识符。所有的关键词都是小写,不能以反斜线开头。

(5)系统与预处理指令。系统指令(系统任务与系统函数)是以 $ 开头的某些标识符,例如 $monitor, $finish 等,用于调试和查错;预处理指令是以反引号"`"开头的标识符,例如 `timescale,`ifdef 等,用以指示编译器执行某些操作。

3.1.4 Verilog HDL 程序运算符

在一条语句中,当需要一个值时,可以通过表达式获得。表达式由操作数和操作符组成,但任何一个合法的操作数,不需要操作符,也认为是一个表达式。

操作数可以是以下的任意一项:常量,网表变量,寄存器变量(reg,integer,time,realtime),矢量(包括网表型和寄存器型矢量)的一位或多位存储器(memory),调用用户自定义函数或者系统定义函数返回的以上任意值,如表3-2所示。

表3-2   Verilog 中的运算符

{},{{}}	拼接运算符	~,&,I,^,~^,~^	位操作(bit-wise)运算符
+,-,*,/,%	算术运算符	&,~&,I,~I,^,~^,~^	缩减(reduction)运算符
>,>=,<,<=	关系运算符	<<,>>	移位操作符
!,&&,II	逻辑运算符	?:	条件运算符
==,! =,===,! ==	等式操作符	or	事件操作符

1. 算术运算符

双目(binary)算术运算符包括:

(1)加法运算符"+":如a+b,表示a加b。

(2)减法运算符"-":如a-b,表示a减b。

(3)乘法运算符"*":如a*b,表示a乘以b。

(4)除法运算符"/":如a/b,表示a除以b。结果将忽略小数部分而只取整数部分。

(5)取模(求余)运算符"%":如a%b,表示a除以b的余数。a和b都应该是整数,如果a被b整除,则结果为0。结果的正负号同第一个操作数a。

对于算术运算符,如果操作数是未知值x或者高阻态z,那么最后结果都是x。

单目运算符"+"(正)、"-"(负)的优先级别高于双目运算符。

算术运算符对不同类型数据的操作是有所区别的。reg型数据、net型数据和time型数据都被认为是无符号数,而integer型数据、real型数据和realtime型数据是有符号数。

2. 关系运算符

关系运算符包括4种:

(1)<,小于。如a<b,表示a小于b。

(2)>,大于。如a>b,表示a大于b。

(3)<=,小于等于。如a<=b,表示a小于等于b。

(4)>=,大于等于。如a>=b,表示a大于等于b。

如果表达式的逻辑关系为真,则该运算结果为标量值1,否则结果为标量值0。如果操作数中有未知(x)或者高阻(z)的位,则逻辑关系将不确定,结果为未知值(x)。如果两个操作数的位数不等,少位数的操作数会在其最大有效位方向补零,以求位数一致。

所有的关系运算符有相同的优先级别。关系运算符的优先级别低于算术运算符。

3. 等式运算符

等式运算符优先级低于关系运算符。等式运算符包括 4 种：

（1）a= = =b,a 等于 b,包括操作数为 x 和 z 的情况。

（2）a! = =b,a 不等于 b,包括操作数为 x 和 z 的情况。

（3）a= =b,a 等于 b,操作数包含 x 或者 z 时结果为未知(x)。

（4）a! =b,a 不等于 b,操作数包含 x 或者 z 时结果为未知(x)。

等式运算符将逐位比较操作数,位数不等时会自动补零对齐。如果比较失败(逻辑条件不满足),则结果为 0,否则为 1。

4. 逻辑运算符

逻辑运算符包括与(&&)和或(‖),其中与逻辑优先级高于或逻辑,但都低于关系和等式运算符。逻辑表达式的值可为 1(真)、0(假)和不确定值(x)。

此外还有一种单目的非逻辑运算符(!),非运算对非零值进行运算则得到 0,对 0 进行运算则得到 1,对不确定的值(x)进行运算则仍为 x。

逻辑关系比较多,为了使关系更清晰,推荐的写法是加上括弧“()”可写成((a<b-1&&(b! =c))‖(c! =d)。

5. 位操作符

位操作符是对操作数的每一位进行操作的运算符,共包括 5 个操作符:取反(~)、按位与(&)、按位或(|)、按位异或(^)、按位同或(^~ ,异或非,因异或与同或互为反的关系)。各位操作的结果按表 3-3 给出。当操作数的位长度不相等时,位数少的操作数会在高位补零以补齐。

6. 缩减(Reduction)操作符

缩减操作符包括 &、~&、|、^、~^、^~ 等,它是单目操作符,在一个操作数上进行位处理,最后得到 1 位(1 bit)的结果。操作的第一步为按照位操作相同逻辑表规则对操作数的第一位和第二位执行操作,第二步及剩下的步骤则将先前步骤中获得的位操作结果与该操作数下一位按照相同逻辑表进行相应的操作,直到操作数的最后一位。对于 ~& 和 ~|缩减操作符,结果分别是 & 和|操作结果的反。

表 3-3　位操作逻辑运算

&	0	1	x	z
0	0	0	0	0
1	0	1	x	x
x	0	x	x	x
z	0	x	x	x
^	0	1	x	z
0	0	1	x	z
1	1	0	x	x
x	x	x	x	x
z	x	x	x	x
^~ ~^	0	1	x	z
0	1	0	x	x
1	0	1	x	x
x	x	x	x	x
z	x	x	x	x

		0	1	x	z
0	0	1	x	x
1	1	1	1	1
x	x	1	x	x
z	x	1	x	x
~				
0	1			
1	0			
x	x			
z	x			

7. 移位操作符

移位操作符<<和>>将对其左边的操作数执行左移和右移操作,移动位数为其右边的操作数。两种移位操作都将在空余位置补零。如果右边的操作数有未知或者高阻态值,则结果将为未知数。移位操作符右边的操作数将被当作无符号数处理。移位操作在电路实现上复杂程度远低于乘法器和除法器,因此常用来代替乘2除2的操作,左移1位效果等同于乘2,而右移1位效果等同于除2。

8. 条件操作符

条件表达式:表达式1? 表达式2:表达式3

表 3 - 4　表达式 1 为 x 或 z 值时条件表达式的取值

?:	0	1	x	z
0	0	x	x	x
1	x	1	x	x
x	x	x	x	x
z	x	x	x	x

条件表达式已经在前面有所介绍,这里需要补充的是,如果表达式1值未定(x或者z),则将同时计算表达式2和表达式3的值,并且把它们的计算结果按照表3-4逐位计算,作为条件表达式最后的结果。并且如果表达式2或者表达式3的结果为实数,则整个表达式结果为0;如果表达式2或者表达式3计算结果长度不等,则长度短的操作数将在最高有效位方向填充0以补齐。

如:

wire[7:0]bus=en_bus? data:8'bz;

该表达式将根据使能信号en_bus确定是否驱动数据到bus线上。

9. 拼接操作符(Concatenation)

拼接操作符将连接两个或者更多的表达式结果的各个位。其表达式由大括弧中的用逗号分割的表达式构成:

{表达式1,表达式2,…}

Concatenation表达式中不允许出现位长度不确定的实数,因为程序需要知道拼接结果的总位长度,这就需要知道每个操作数的位长度。

10. 运算符的执行顺序

表达式中运算符将按照表3-5中的优先级别顺序执行,关系复杂时用括弧进行分割。

如果表达式的值能提前确定,那么不会再计算整个表达式的值,这种情况称为表达式运算"短路",如:

reg a,b,c,d;

表 3 - 5　运算符优先级别

运　算　符	优先级别
+ - ! ~(单目)	高
* *	
* / %	
+ -(双目)	
<< >> <<< >>>	
< <= > >=	
==! === ! ==	
& ~&	
^ ^~ ~^	
｜ ~｜	低
&&	
‖	
?:(条件运算符)	

d＝a&(b|c&b);

若 a 为 0,那么整个表达式的结果将被其确定,无需再计算 b|c&a 的值。

3.1.5　Verilog HDL 程序条件选择语句

1. case 语句

以 4 选 1 数据选择器为例,其功能为 4 个数据输入端口(输入变量)in0、in1、in2、in3,两位选择变量 sel,数据输出端 out,其功能见表 3－6。

基于 case 语句的程序为例 3－5:

［例 3－5］

表 3－6　4 选 1 数据选择器真值表

sel		out
0	0	in0
0	1	in1
1	0	in2
1	1	in3

```
module mux4_1(out,in0,in1,in2,in3,sel);
    output out;
    input in0,in1,in2,in3;
    input [1:0]sel;
    reg out;
always @( in0 or in1 or in2 or in3 or sel)
case (sel)
2'b00:out＝in0;
2'b01:out＝in1;
2'b10:out＝in2;
2'b11:out＝in3;
default:out＝2'bx;
end case
endmodule
```

1) 矢量类型

程序行"input[1:0]sel;"定义了一个矢量网表。如果一个网表型变量和寄型变量定义时没有指定位长度,则它被认为是 1 位标量,如果设定了位长度,则被认为是矢量。如:

wire[7:0]bus;　　　//8 位矢量网表 bus

reg[0:63]addr;　　//64 为矢量寄存器 reg

矢量被当作无符号数处理。矢量的定义可以是[高位:低位],也可以是[低位:高位]。但是最左边的一位认为是最高有效位(MSB),最右边的是最低有效位(LSB),addr 的第 0 位是最高有效位,而 bus 的第 7 位是最高有效位。位长度定义时高位和低位可以是负数,如:

reg[-3:4]b;　//8 位矢量寄存器 b

引用矢量时的方式比较灵活,比如对前面定义过的矢量:

bus[0]　　　　//bus 的低 0 位

bus[2:0]　　　//bus 的 3 位最低有效位,注意不能用 bus[0:2],应和定义中保持一致

addr[0:1]　　 //addr 的两位最高有效位

2)数的表示方法

按进制划分,整数可以表示成十进制数、十六进制数、八进制和二进制数。整数有两种表述方式:

(1)简单的十进制表示:用 0 到 9 的数字序列表示。

(2)指定位数表示:可以分成三个连续组成部分——<位长度><进制符号><数字 a 到 f(十六进制)>。其中位长度非必需,若不指定位长度,则系统采用缺省位长度(32 位)。位长度定义了数据的确切位(bit)数,应为无符号的十进制数。进制符号可以是 b 或 B(二进制),d 或 D(十进制),h 或 H(十六进制),o 或 O(八进制)。采用这种表示方法,还必须在进制符号前加"'"号,并且"'"号和进制符号间不能存在空格。数字为无符号数,应该与进制格式一致,数字与进制符号之间可以有空格。

表示数字的 a 到 f(十六进制中)、x 和 z 都是与大小写无关的。数字电路中,x 表示不定值,z 表示高阻态,可在十六进制、八进制和二进制中使用 x 和 z。十六进制中一个 x 表示有四位都是 x,八进制中一个 x 表示三位都是 x,二进制中则表示一位是 x。z 的用法同样。

采用第二种表示方法,当实际数据位数小于定义的位长度时,如果是无符号数,则在左边补零;如果无符号数最左边是"x",则在左边补"x";如果无符号数左边是"z",则在左边补"z"。

对于这两种表示方法,都可以在整数的最前面添加正负号以区别正负数。如果没有正负号,对于第一种表示方法,表示是带符号的整数,而对于第二种表示方法则表示无符号整数。

在表示长数据时还可以用下划线"_"进行分割以增加程序的可读性。表示数据时"_"将被忽略,但不能放在数据的开头。

以下表示是不正确的:

123af　　　　//十六进制需要进制符号 'h

8' d-6　　　　//负号不能放在进制符和数字之间,应为-8' d6

3)case 语句

case 语句是分支决定语句,case 语句语法结构为:

case(表达式)

　　选项值 1:语句 1;

　　选项值 2:语句 2;

选项值 3：语句 3；

　　…

default：缺省语句；

endcase

语句 1，语句 2，…，缺省语句可以是一条语句或者语句块。如果是多条语句，需要使用 begin-end 结构。执行 case 语句时，先计算表达式的值，按照各选择项出现的先后顺序，比较不同选择项的值和 case 表达式的值，找到首先匹配的项，执行对应语句。如果没有选项的值和表达式的值匹配，则执行缺省语句。缺省语句是可选而不是必需的，并且不能有多条缺省语句，如果没有缺省语句并且没有选项匹配，则不会有 case 项语句执行。case 表达式结果的位长度应和选项值的位长度一致，如果不一致，会按照位长度最长的进行扩充对齐。

4）敏感信号

程序行"always@（in0 or in1 or in2 or in3 or sel）"中的时间控制部分为完整电平敏感列表。只要任意信号发生变化，便会更新输出值，和数据选择器功能的要求一致。如果电平敏感列不完整，例如"always@（in0 or in2 or sel）"，这时如果 in1 或者 in3 电平发生变化，按照语法规将不能产生赋值更新事件，因此有些综合工具认为不完整列表是不合法的，而另外一些综合工具则发出警告并将其当作完整列表处理，这时综合出来的电路功能可能与程序模块的描述有所不同。程序中应尽量采用完整电平敏感列表方式。

2. casez 语句

例 3 - 6 说明 casez 语句。

［例 3 - 6］

```
module mux_casez(out,in0,in1,in2,in3,sel);
output out;
input in0,in1,in2,in3;
input[3:0] sel;
reg out;
always @(sel or in0 or in1 or in2 or in3)
begin
casez(sel)
      4'b??? 1:out=in0;
      4'b?? 1?:out=in1;
      4'b? 1??:out=in2;
      4'b1???:out=in3;
endcasez
```

```
end
endmodule
```

无关值：case 语句有两种变型，允许用户处理无关值情况。一种变型是处理高阻态无关值，另一种变型是处理高阻态和未知态无关值。这两种变型在使用方式上和前面所述的 case 语句类似，但分别使用关键词 casez 和 casex。

如果 case 表达式的值或者选项值中某些位为无关值(对于 casez 为 z，对于 casex 为 z 或 x)，则比较的时候不比较这些位，也就是说，只比较不是无关值的位。并且，语句中可用问号？代替 z 的位置。"?"是"z"的另外一种表示方法。

对于例 3-6 中的 casez 语句，程序将判断 sel 变量的值，如果 sel[0]为 1，则执行 out＝in0，否则如果 sel[1]为 1，则执行 out＝in1，类推。如 sel 信号当前为 4'b1x10，由于选项 1 只比较 sel[0]位，条件不符，所以继续比较选项 2，即比较 sel[1]位，条件符合，执行该语句，最后输出信号 out 为 in1。

3. if-else 语句

例 3-7 说明 if-else 语句的实现。

[例 3-7]

```
module mux4_1(out,in0,in1,in2,in3,sel);
    output out;
input in0,in1,in2,in3;
input[1:0] sel;
reg out;
always @(sel or in0 or in1 or in2 or in3)
begin
    if(sel==2'b00) out=in0;
    else if (sel==2'b01) out=in1;
    else if (sel==2'b10) out=in2;
    else if (sel==2'b11) out=in3;
    else
    out=2'bx;
    end
    endmodule
```

1) 条件语句(if-else)

条件语句(if-else)可用来选择是否执行某条语句。其语法结构为：

if (表达式)

　　　　语句 1；

　　else

　　　　语句 2；

　　如果表达式值为真(非零值)，则执行语句 1，否则(表达式值为 0，或者是 x、z)执行语句 2。语句 1 和语句 2 可为空语句，并且 else 语句并不是必需的。

　　由于条件语句的 else 部分可以缺省，因此在嵌套 if 语句中可能会比较混乱，else 语句会寻找前面最邻的缺少 else 部分的 if 语句，如：

```
if (a==0)
    if (b==0)              //最邻近的匹配
            c=1;
    else                  //最邻近的匹配
            c=0;
```

使用 begin-end 块可以强制 else 语句与相应的 if 语句对应，如：

```
if (a==0) begin
    if (b==0)
            c=1;
                end
    else
            c=0;
```

　　2) 条件语句(if-else-if)

　　条件语句 if-else-if 应用广泛，其语法结构为：

```
if (表达式 1)
    语句 1；
else if (表达式 2)
    语句 2；
else if …
else
    语句 n；
```

　　if-else-if 结构将顺序计算并判断表达式的值，如果表达式值为真，则执行相应的语句，并且终止整个条件语句。每条语句可以是单条语句也可以是语句块。

　　3) 条件语句与分支决定语句比较

　　除了语法不同外，case 语句与 if-else-if 语句存在不同，主要体现在以下方面：

（1）if-else-if 结构中的条件表达式能更全面地包括多种情形,而 case 语句只比较表达式和几个选项的值。

（2）如果表达式值中包含 x 或者 z 的位时,ease 语句会比较表达式和选项值的每一位,每位值可以是 0,1,x 或者 z,只有逐位比较都相等,才确认与该项匹配。

4）缺省项问题

条件语句和分支决定语句都存在着缺省项的问题。对于条件语句,else 语句称为缺省项,对于 case 语句,default 语句称为缺省项。缺省项是可以省略的,但省略缺省项可能带来一些题,需要慎重。

3.1.6 Verilog HDL 程序循环语句

1. 数据、宏定义和函数

例 3-8 的 8-3 编码器说明数据、宏定义和函数等的语法规则。

[例 3-8] 8-3 编码器

```
`define DATA7 8'b1xxx_xxxx        //数据分割下划线"_";宏定义指令`define
`define DATA6 8'b01xx_xxxx
`define DATA5 8'b001x_xxxx
`define DATA4 8'b0001_xxxx
`define DATA3 8'b0000_1xxx
`define DATA2 8'b0000_01xx
`define DATA1 8'b0000_001x
`define DATA0 8'b0000_0001
module code_83(din,dout);
input[7:0]din;
output[2:0] dout;

function[2:0] code;              //函数定义
input[7:0] din;
casex(din)
`DATA7:code = 3'h7;
`DATA6:code = 3'h6;
`DATA5:code = 3'h5;
`DATA4:code = 3'h4;
`DATA3:code = 3'h3;
`DATA2:code = 3'h2;
```

```
`DATA1:code = 3'h1;
`DATA0:code = 3'h0;
default:code = 3'hx
endcase
endfunction

assign dout=code(din);          //函数调用
endmodule
```

1) 数据分割

表示长数据时可用"_"进行分割,以增加程序的可读性。因此,"8'b1xxx_xxxx"和"8'b1xxxxxxx"在功能上是相同的。

2) 宏定义指令`define

宏定义工具`define 使用有意义的标识符代表字符串。定义过的宏可以用在模块的内部或外部。在定义之后,宏便能通过"`宏名"的方式在源程序中引用。编译器对于"`宏名"形式字符串将自动用宏定义文本代替。宏定义`define 的语法为:

`define <宏名(参数)> <宏文本>

重复定义一个宏是非法的。宏文本可以是定义在宏名同一行的任意文本,如果超过一行,则新行需要再以反斜线(\)开头。宏可以交互定义与使用。

如果宏文本中包含行注释符(即"//"),那么注释符不会成为宏文本的一部分。宏文本以为空,此时宏文本认为是空,在该宏使用时不会有文字被替代。宏文本的使用语法为:

`<宏名(实际参数)>

每个"`<宏名>"出现的地方将被定义的宏文本替代。宏在定义之后,它就能在源文件中的任意位置使用,没有范围限制。宏名只是简单的标识符。例如:

```
`define btsize 4
reg[1:`btsize]data;
```

宏文本定义的文本中不能分开如下语法符号:注释、数字、字符串、标识符、关键词和操作符。下面的定义为非法,因为它分开了字符串:

```
`define start_string   "start of string"
a=`start_string   "end of string";
```

宏定义中可有参数,参数可以在宏文本中像标识符那样使用。引用宏时,实际应用中的参数将代替宏定义中的参数。如:

`define max(a,b)((a)>(b)? (a):(b))

n = `max(p+q,r+s);

进行替代时将变成:

n=((p+q)>(r+s))? (p+q):(r+s);

由于参数是直接从字面上替代宏定义中的参数,因此如果一个表达式作为实际参数,则该表达式将整体进行替代。如果宏文本中多次使用了参数,可能导致多次计算这个表达式的值,例如上面的语句将各计算两次 p+q 和 r+s 的值。

此外,预编译指令 `undef 可以取消先前定义的宏。如果要取消的宏不存在,则会给出警告。`undef 语法为:

`undef <宏名>

3) 函数定义与调用

模块中调用了一个函数用于编码操作。函数提供了把大的程序分割为小的组成部分的方式,使得源程序便于阅读和调试。使用函数的目的是在表达式中返回一个数值。

函数定义的语法结构为:

function [返回值的位长度或类型] 函数名;
　声明(端口、变量类型);
　函数功能描述语句;
endfunction

函数返回值可为 reg, integer, real, realtime, time 类型,缺省情况下为一位(bit)的 reg 型数据。一个函数至少应有一个输入变量。如:

function [4:0]function1;　　//定义函数 function1,返回值 function1,类型 reg[4:0]
input [7:0] addr;
begin
…
function1 = result;
end
endfunction

函数定义时隐含声明了一个与函数同名的内部寄存器,该寄存器为 1 位寄存器或函数声明中定义的数据类型。函数中通过给该同名寄存器赋值,可以把结果值返回。

程序中函数调用时,其返回值可作为表达式中的一个操作数。函数调用语法为:

函数名(表达式 1,…)

定义的函数 function1,可这样调用:

regb=function1(rega)+'h0f

函数调用中应遵循的 5 个规则:

(1) 函数定义不能包含任意时间控制语句,即语句中不能有#、@ 或者 wait 引入的语句。

(2) 函数不能启动任务(task)。

(3) 函数定义将包含至少一个输入变量。

(4) 函数定义中不能声明 output 或者 inout 类型的自变量,因为函数不能通过端口往外部发送数据,而只能通过同名寄存器返回一个数据。

(5) 函数定义应包含赋值语句,把计算结果赋给与函数同名的内部寄存器。

例 3-8 中,模块 code_83 中定义了一个函数 code,该函数有 8 个输入量,定义为 din,函数通过同名寄存器 code 返回编码后的数据,返回数据的类型为 reg[2:0]。模块中通过语句"assign dout=code(din);"调用了函数 code,函数在表达式中的作用相当于一个操作数。

2. 循环语句及实现

通过例 3-9 说明 for 循环语句的实现。

[例 3-9]

```
module encoder(out,in)
output [2:0] out;
input [7:0] in;
reg [2:0] out;
always @(in)
begin
    integer i;              //定义整型数据类型
  out = 0;
  for(i=0;i<8;i=i+1)       //循环语句
    if (in[i]) out=i;
    end
endmodule
```

1) integer 整型数据类型

使用 reg 类型变量是表示整型数据的一种方式,但使用 integer 变量显得更为直观与便利。integer 默认位长度为主机字宽,但至少为 32 位。reg 型寄存器保存的是无符号数,而 integer 型寄存器保存的是有符号数。

2) 循环语句

例 3-9 中使用了 for 循环语句,循环语句只能出现在 initial 块和 always 块中。有 4 种类型的循环语句,可以控制语句执行的次数。

(1) forever:重复连续执行循环语句内容,直到遇到 $finish 任务。这种循环类似于 while 循环中条件表达式始终为真的情况。一个 forever 循环可以通过 disable 语句停止。forever 循环常用于与时间控制结构相关的场合。如果没有时间控制结构,那么循环将一直执行。如:

```
reg clk;
initial
begin
    clk = 1'b0;
    forever #10 clk = ~clk;      //产生周期为 20 个时间单位的方波
end
```

(2) repeat:执行一条语句固定次数。循环的次数取决于次数表达式的值,开始循环之前,首先要计算该表达式的值以确定循环次数,进入循环后将不再计算该值。如果次数表达式值未知或者高阻态,则当作 0 处理,不会执行相应语句。如:

```
initial
begin
    count = 0;
    repeat(10)
        count=count+1;
end
```

(3) while:执行循环中的语句,直到 while 条件表达式值为假。如果表达式初始值就为假,则不会执行循环中的语句。如:

```
integer count;
initial
begin
    count=0;
    while (count<10)
    begin
        count=count+1;
    end
end
```

(4) for:for 循环语句语法格式为:

for (初始赋值;条件表达式;更新赋值)

　　　　循环执行语句 1；

　　for 循环包含三个部分：首先将给一个寄存器变量赋初值；然后计算与该寄存器相关的条件表达式的值，如果值为 0（包括未知和高阻值），则退出循环，否则执行相应循环执行语句 1；最后改变控制循环的寄存器变量的值，并重复前面步骤。

3. 端口变量

例 3－10 实现的是将 BCD 码转换成七段数码管的显示码。

［例 3－10］

```
module decode4_7(a,b,c,d,e,f,g,D3,D2,D1,D0);
output a,b,c,d,e,f,g;
input D3,D2,D1,D0;
reg a,b,c,d,e,f,g;
always@(D3 or D2 or D1 or D0)
begin
case({D3,D2,D1,D0})
  4'd0:{a,b,c,d,e,f,g} = 7'b1111110;　//端口变量
  4'd1:{a,b,c,d,e,f,g} = 7'b0110000;
  4'd2:{a,b,c,d,e,f,g} = 7'b1101101;
  4'd3:{a,b,c,d,e,f,g} = 7'b1111001;
  4'd4:{a,b,c,d,e,f,g} = 7'b0110011;
  4'd5:{a,b,c,d,e,f,g} = 7'b1011011;
  4'd6:{a,b,c,d,e,f,g} = 7'b1011111;
  4'd7:{a,b,c,d,e,f,g} = 7'b1110000;
  4'd8:{a,b,c,d,e,f,g} = 7'b1111111;
  4'd9:{a,b,c,d,e,f,g} = 7'b1111011;
  default:{a,b,c,d,e,f,g} = 7'bx;
endcase
end
endmodule
```

语法说明：

（1）always 结构的时间控制部分采用电平触发方式，具有完整的电平敏感列表。

（2）端口在声明中还可以附加数据类型声明，比如为 reg 类型还是 wire 类型。如果一个端口声明中包含了变量类型，则认为是一个完整的声明，并且不能再声明其变量类型。如果声明变量类型为矢量，应注意其范围同端口声明一致。端口变量在声明和内部连接上需满足：

① input 或者 inout 类型端口必须是网表类型。

② 每个端口的连接必须通过连续赋值方式实现,是源信号到接受信号的连续赋值,并且赋值中只有网表或网表结构的表达式能作为接受信号,网表结构表达式是标量网表、矢量网表、短量网表中的一位或者一部分、及上述的拼接组合。

端口列表中的信号,接受方必须为网表类型,而发送方(源方)没有限制,如图 3‐1 所示。always 结构中采用过程赋值语句设计组合电路。只有寄存器类型数据能在过程块中通过过程赋值方式赋值,因此 a,b,c,d,e,f,g 除了定义数据传输方向为 output 类型外,还需要定义数据类型为 reg 类型。

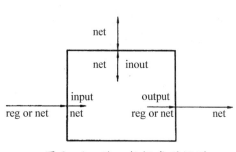

图 3‐1 端口数据类型规则

拼接运算符能把多位数据组合起来,功能上相当于一个矢量,可按矢量进行操作,是应用较多的一种运算符。

3.1.7 Verilog HDL 程序预编译

1. 预编译指令`include

文件包含预编译指令`include,在编译时可在一个文件中插入另外一个源文件的所有内容,结果相当于在`include 预编译指令位置出现含源文件的所有内容。`include 预编译指令可用来包括全部或者常用的定义与任务,而不采用在模块中封装重复的代码。`include 预编译指令提高了对源文件的组织与管理,便于维护。

`include 的语法定义为:

`include "文件名"

预编译指令`include 可以在源程序中任意位置指定。文件名可为空或者路径名。只有空格符或者注释能出现在 include 预编译指令的同一行中。`include 包含的文件中可以包含其他的`include 指令,但是这种嵌套包含文件的级数应是有限的。

2. 常量(Parameter)声明与重写(Overriding)

常量代表的是一个常数,不能在本模块中改变它的值,因此在声明时应该赋予一个常数值。常量的一个典型应用是用来定义延时及变量的长度。通过关键词 parameter 能够在模块中定义常量。定义格式为:

parameter <常量名> <常量表达式>;

常量表达式只能包含常数或者先前定义过的常量,一条定义语句可以定义多个常量。如:

parameter a = 1;   //定义了常量 a = 1;

parameter b=2,c=3,d=b+c;　　　//定义了常量 b=2,c=3,d=5;

模块参数 parameter 可以有类型定义和位长度定义,如果不指定类型和位长度,它会根据赋予的值自动设定类型和位长度。

常量的值不能在所在模块内部被改变,但它的值在编译时可以改变,通常利用这一点来定制模块实例,使模块的定义更加灵活,仅仅通过改变某个常量的值就能使得模块执行不同的功能。一个常量的值能通过 defparam 语句或者在模块实例化语句中改变,这称为 parameter 参数的重写(Overriding)。

通过 defparam 语句,可以改变电路中任意模块的 parameter 参数的值。模块实例化语句也可以重写 parameter 参数的值,而不需要 defparam 语句,通过"#(常量)"的形式重写了实例中的常量参数。

模型实例化时,参数名可以用来重写其值,对于多参数情况,可以不考虑参数重写顺序。

3.2　硬件描述语言 Verilog HDL 程序设计方法与技巧

3.2.1　程序综合的一般原则

Verilog HDL 开始是作为一种仿真语言开发的,开发的时候并没有考虑到综合,所以综合工具出现后,有些语句没法被综合,而且各种综合工具对语句的支持程度也不同。但只要遵守综合的一般原则,程序是可以被综合工具综合的,具体的程序综合一般原则如下:

(1)不使用初始化语句。

(2)不使用延时语句。

(3)不使用循环次数不确定的语句,如 forever,while 等。

(4)尽量采用同步方式设计电路,异步状态机是不能综合的,如果一定要用异步方式设计电路,则可用电路图的方法来设计。

(5)尽量采用行为语句完成设计。

(6)always 过程块描述组合逻辑,应在敏感信号表中列出所有的输入信号。

(7)所有的内部寄存器都应该可以复位。

(8)用户自定义原语是不能被综合的。

(9)综合之前,一定要进行仿真。

(10)如果要为电平敏感的锁存器建模,使用连续赋值语句是最简单的方法。

3.2.2　Verilog HDL 编程指导

1. 复位

作用:复位使初始状态可预测,防止出现禁用状态。

（1）FPGA 的复位信号采用异步低电平有效信号连接到其全局复位输入端,使用专用路径通道。FPGA 有固定时间延迟线,连接到所有资源上。应避免使用模块内部产生的条件复位信号,模块内部产生的条件复位信号可以转换为同步输入的使能信号处理;芯片内部信号、软件写寄存器提供的全局复位信号和针对某些功能的局部模块复位信号都应该采用同步复位策略;所有的时钟信号和复位信号在芯片的最顶层都必须是可控制和可观测的。

（2）若目标器件为 ASIC 的核,则异步时钟只能局部使用,在顶层设计上要与时钟同步,这样可以防止过长的延时。

（3）复位时,所有双向端口要处于输入状态。复位信号必须连接到 FPGA 的全局复位引脚。

2. 时钟

良好的时钟设计十分关键。

（1）采用简单的时钟结构。

（2）采用单一的全局时钟信号。

（3）同一模块中所有的寄存器都在时钟的上升沿触发。

（4）不要用时钟或复位信号作为数据或使能信号,也不能用数据信号作为时钟或复位信号。

（5）避免使用组合逻辑门控时钟。门控时钟其时序往往依赖于具体的实现工艺,时序紧张的门控时钟电路会引发电路的操作错误。

（6）时钟信号一般要求连接到全局时钟引脚上。

3. 总线

（1）总线要从 0 位开始,因为有些工具不支持不从 0 位开始的总线。

（2）应从高位到低位,这样可以避免在不同设计层上产生误解。

4. 三态门

不要使用内部三态信号,否则增加功耗,而且使后端的调整更困难。

5. 设计通则

（1）只使用同步设计,这样可以避免在综合、时序验证和仿真中出现的一些问题。

（2）不要使用延时单元。

（3）所有块的外部 I/O 必须声明,这样可以避免较长的路径延时。块内部 I/O 要例化。

（4）避免使用锁存器,因为这样会产生综合和时序验证问题。

（5）在时钟驱动的同步进程中不要使用 block 结构,block 结构应该用于异步进程中。

（6）尽量使用无路径的 include 命令行;Verilog HDL 应当与环境无关。

（7）避免使用 ifdef 命令,尽量用一个全局定义文件做所有的定义,否则容易产生版本和编辑问题。

（8）尽量在一个文件中只用一个模块,文件名要和模块名相同。

（9）尽量在例化中使用名称符号，不要用位置符号，这样有利于调试和增加代码的易读性。

（10）在不同的层级上使用统一的信号名，这样容易跟踪信号，网表调试也容易。

（11）比较总线时要有相同的宽度，否则其他位的值不可预测。

（12）always 块内的敏感信号表达式又称事件表达式或敏感表。当表达式的值改变时，就会执行一遍块内的语句。带有 posedge 或 negedge 关键字的事件表达式表示沿触发的时序逻辑，没有 posedge 或 negedge 关键字的表示组合或电平敏感的锁存器，或两者都表示。在表示时序和组合逻辑的事件控制表达式中，如有多个沿和多个电平，其间必须用关键字"or"连接。

（13）每个表示时序的 always 块只能由一个时钟跳变沿触发，置位或复位最好也由该时钟跳变沿触发。

（14）每个在 always 块内赋值的信号都必须定义成寄存器型（reg）或整型（integer）。

（15）表示异步清零的敏感信号的表达式为 always@（posedge clk or negedge clr），其中，clk 为时钟信号，clr 为清零信号。

（16）对一个寄存器型和整型变量给定位的赋值，只允许在一个 always 块内进行。如在另一 always 块中也对其赋值，则是非法的。

（17）把某一信号值赋为 'bx，综合器把它解释成无关状态，因而综合器为其生成的硬件电路最简单。

3.2.3　如何消除毛刺

建立时间（setup time）是指在触发器的时钟信号上升沿到来以前，数据稳定不变的时间，如果建立时间不够，数据将不能在这个时钟上升沿打入触发器；保持时间（hold time）是指在触发器的时钟信号上升沿到来以后，数据稳定不变的时间，如果保持时间不够，数据同样不能打入触发器。数据稳定传输必须满足建立和保持时间的要求；当然在一些情况下，建立时间和保持时间的值可以为零。

1. FPGA 内部毛刺产生的原因

使用分立元件设计数字系统时，由于 PCB 走线时存在分布电感和电容，所以几纳秒的毛刺将被自然滤除，而在内部无分布电感和电容，所以在 FPGA 设计中，竞争和冒险问题将变得较为突出。

2. FPGA 内部毛刺的消除

一种更常见的方法是利用 D 触发器的 D 输入端对毛刺信号不敏感的特点，在输出信号的保持时间内，用触发器读取组合逻辑的输出信号，这种方法类似于将异步电路转化为同步电路。图 3-2 给出了这种方法的示范电路。

在仿真时，也可能会发现在 FPGA 器件对外输出引脚上有输出毛刺，但由于毛刺很短，加上 PCB 本身的寄生参数，大多数情况下，毛刺通过 PCB 走线，基本可以自然滤除，不用再外加阻容滤波。

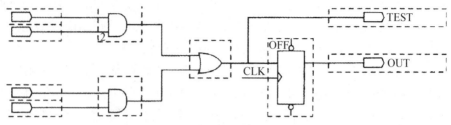

图 3-2　消除毛刺信号的方法

优秀的设计方案,如采用格雷码计数器、同步电路等,可以大大减少毛刺,但它并不能完全消除毛刺。毛刺并不是对所有输入都有危害,如 D 触发器的 D 输入端,只要毛刺不出现在时钟的上升沿并且满足数据的建立和保持时间,就不会对系统造成危害。因此可以说 D 触发器的 D 输入端对毛刺不敏感。但 D 触发器的时钟端、置位端、清零端,则都是对毛刺敏感的输入端,任何一点毛刺就会使系统出错,但只要认真处理,就可以把危害降到最低直至消除。

3.2.4　阻塞赋值与非阻塞赋值的区别

对于阻塞赋值与非阻塞赋值,在前面已经介绍了它们之间在语法上的区别以及综合后所得到的电路结构上的区别。在 always 块中,阻塞赋值可以理解为赋值语句是顺序执行的,而非阻塞赋值可以理解为赋值语句是并发执行的。实际的时序逻辑设计中,一般情况下非阻塞赋值语句被更多地使用,有时为了在同一周期实现相互关联的操作,也使用了阻塞赋值语句。在实现组合逻辑的 assign 结构中,无一例外地都必须采用阻塞赋值语句。因此,要避免 Verilog 仿真时出现冒险与竞争现象,应遵守以下两个要点:

(1)在描述组合逻辑的 always 块中用阻塞赋值,则综合成组合逻辑的电路结构。

(2)在描述时序逻辑的 always 块中用非阻塞赋值,则综合成时序逻辑的电路结构。

所谓阻塞的概念是指在同一个 alwalys 块中,其后面的赋值语句从概念上是在前一句赋值语句结束后再开始赋值的。

如果在一个过程块中阻塞赋值的右边变量正好是另一个过程块中的左边变量,这两个过程块又用同一个时钟沿触发,则这时阻塞赋值操作会出现问题,即如果阻塞赋值的顺序安排不好,就会出现竞争;若这两个阻塞赋值操作用同一个时钟沿触发,则执行的顺序是无法确定的,如例 3-11 所示。

[例 3-11]

```
module fboscl(y1,y2,clk,rst);
output y1,y2;
input clk,rst;
reg y1,y2;
```

```
always @( posedge clk or posedge rst)
    if( rst) y1 = 0;                              //复位
    else y1 = y2;
always @( posedge clk or posedge rst)
    if( rst) y2 = 1;                              //置位
    else y2 = y1;
endmodule
```

例 3 - 11 中的两个 always 块是并行执行的,与前后顺序无关。如果前一个 always 块复位信号先到 0 时刻,则 y1 和 y2 都会取 1;而如果后一个 always 块复位信号先到 0 时刻,则 y1 和 y2 都会取 0。由此可知,该模块是不稳定的,必定会产生冒险和竞争的情况。

非阻塞赋值是操作时刻开始时计算非阻塞赋值符右边的表达式,赋值操作时刻结束时更新左边的值。在计算非阻塞赋值符右边的表达式和更新左边的值期间,其他的 Verilog 语句,包括其他的 Verilog 非阻塞赋值语句都能同时计算非阻塞赋值符右边的表达式和更新左边的值;非阻塞赋值允许其他的 Verilog 语句同时进行操作。

非阻塞赋值操作只能用于对寄存器类型变量进行赋值,不允许用于连续赋值,如例 3 - 12 所示。

[例 3 - 12]

```
module fbosc2( y1,y2,clk,rst) ;
    output y1,y2;
    input clk,rst;
    reg y1,y2;
    always @( posedge clk or posedge rst)
        if( rst) y1 = 0;                          //复位
        else y1 <= y2;
    always @( posedge elk or posedge rst)
        if( rst) y2 <= 1;                         //置位
        else y2 <= y1;
endmodule
```

例 3 - 12 中的两个 always 块是并行执行的,与前后顺序无关。无论哪一个 always 块复位信号先到,两个 always 块中的非阻塞赋值都在赋值操作开始时刻计算非阻塞赋值符右边的表达式,而在赋值操作结束时刻更新左边的值。所以,这两个 always 块在复位信号到来后,在 always 块结束时,使 y1 为 0 及 y2 为 1 是确定的。

Verilog 模块的编程要点为:

（1）时序电路建模时,用非阻塞赋值。

（2）锁存器电路建模时,用非阻塞赋值。

（3）用 always 块建立组合逻辑模型时,用阻塞赋值。

（4）在同一个 always 块中建立时序和组合逻辑模型时,用非阻塞赋值。

（5）在同一个 always 块中不要既用非阻塞赋值,又用阻塞赋值。

（6）不要在一个以上的 always 块中为同一变量赋值。

（7）用 $strobe 系统任务来显示用非阻塞赋值的变量值。

（8）在赋值时不要使用#0 延时。

要掌握可综合风格的模块编程的 8 个要点,在编写程序时须牢记这 8 个要点。这样,在绝大多数情况下,可以避免在综合后仿真出现的冒险问题,初学者按照这几点来编写 Verilog 模块程序,可以省去很多麻烦。

3.2.5 代码对综合的影响

对逻辑硬件进行建模和模拟的同时,必须理解代码与硬件实现的联系。

1. 代码对综合的影响

例如下面的求和电路,编写的格式不一样,综合出的电路也不一样。

（1）程序为:

out1<=in1+in2+in3+in4;

综合的电路如图 3-3 所示。

（2）程序为:

out1<=(in1+in2)+(in3+in4);

综合的电路如图 3-4 所示。

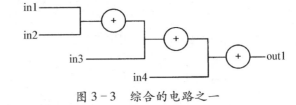

图 3-3　综合的电路之一

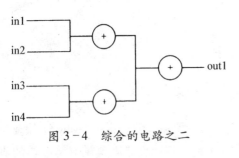

图 3-4　综合的电路之二

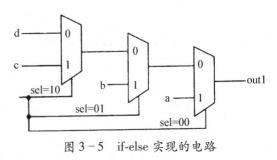

图 3-5　if-else 实现的电路

例 3-13 描述的是多路数据选择器,它综合的电路如图 3-5 所示。

［例 3-13］

always @(sel or a or b or c or d)

```
begin
    if( sel = = 2'b00 )
            out1 < = a;
    else if( sel = = 2'b01 )
            out1 < = b;
    else if( sel = = 2'b10 )
            out1 < = c;
        else
            out1 < = d;
end
```

2. 避免在综合时引入锁存器

避免在综合时引入锁存器的方法为：

（1）组合函数的输出必须在每个可能的控制路径中被赋值。

（2）每次执行 always 块时,在生成组合逻辑的 always 块中赋值的所有信号都必须有明确的值。

（3）组合电路的每一个 if 描述语句都对应一个 else 语句。

（4）每一个 case 语句都对应一个 default 语句(在没有优先级的情况下优先使用。设计路径延时要小于 if-else)。在使用条件语句时,要注意列出所有条件分支,否则,编译器认为条件不满足时,会引进一个触发器保持原值。在组合电路设计中,应避免这种隐含触发器的存在。但一般设计不可能列出所有分支;为包含所有分支,可在 if 语句的最后加上 else 语句,在 case 语句的最后加上 default 语句。

3.2.6   用 always 块实现较复杂的组合逻辑电路

使用 assign 结构实现组合逻辑电路,在设计中会发现很多地方会显得冗长且效率低下。而适当地采用 always 来设计组合逻辑,往往会更具实效。

设计一个简单的指令译码电路。要求：电路通过对指令的判断,对输入数据执行相应的操作,包括加、减、与、或和求反,并且无论是指令作用的数据还是指令本身发生变化,结果都要作出及时的反应。分析：显然,这是一个较为复杂的组合逻辑电路,如果采用 assign 语句,表达起来非常复杂。如果使用电平敏感的 always 块,并且运用 case 结构来进行分支判断,不但设计思想得到直观的体现,而且代码看起来也非常整齐、便于理解。程序见例 3-14。

［例 3-14］

```
`define plus 3'd0
`define minus 3'd1
```

```
`define band 3'd2
`define bor 3'd3
`define unegate 3'd4
module alu(out,opcode,a,b);
output[7:0] out;
reg [7:0] out;
input[2:0] opcode;
input[7:3] a,b;                    //操作数
always @(opeode or a or b)
    begin
        case(opcode)
          `plus:out=a+b;
          `minus:out=a-b;
          `band:out=a&b;
          `bor:out=a|b;
          `unegate:out= ~ a;
           default:out=8'hx
        endcase
    end
endmodule
```

同一组合逻辑电路用 always 块和连续赋值语句 assign 描述时,它们的代码形式是完全不同的。在 always 中,虽然被赋值的变量一定要定义为 reg 型,但是适当运用 default(在 case 结构中)和 else(在 if-else 结构中),通常可以综合为纯组合逻辑。值得注意的是如果不使用 default 或 else 对默认项进行说明,则易生成意想不到的锁存器。

3.2.7　Verilog HDL 中函数的使用

Verilog HDL 可使用函数以适应对不同变量采取同一运算操作,函数在综合时被理解成独立运算功能的电路,每调用一次函数相当于改变这部分电路的输入,以得到相应的计算结果。程序见例 3 - 15。

[例 3 - 15]

```
module tryfunct(clk,n,result,rest);
    output[31:0] result;
    input[3:0] n;
```

```
        input reset,clk;
        reg[31:0];
   always @(posedge clk)           //clk 的上升沿触发同步运算
        begin
            if(！reset)             //reset 为低时复位
                result<=0;
            else
                begin
                    result<=n * factorial(n)/((n * 2)+1);
                end
        end
   function[31:0] factorial;       //函数定义
      input[3:0]operand;
      reg[3:0]index;
      begin
         factorial=operand? 1:10;
         for(index=2;index<=operand;index=index+1)
              factorial=index * factorial;
      end
   endfunction
endmodule
```

例 3-15 中函数 factorial(n)实际上就是阶乘运算。在实际设计中,不希望设计中的运算过于复杂,以免在综合后带来不可预测的后果。具体做法是把复杂的运算分成几个步骤,分别在不同的时钟周期完成。

3.2.8 Verilog HDL 中任务的使用

只有函数并不能完全满足运算需求。当希望能够将一些信号进行运算并输出多个结果时,采用函数结构就显得非常不方便,而任务结构在这方面的优势则十分突出。任务本身并不返回计算值,但是它通过类似 C 语言中形参与实参的数据交换,可以非常快捷地实现运算结果的调用;此外,还常常利用任务来帮助实现结构化的模块设计,将批量的操作以任务的形式独立出来。

例 3-16 利用电平敏感的 always 块,比较两变量的大小并排序,设计出 4 个 4 位并行输入数的高速排序组合逻辑。利用 task 可以非常方便地实现数据之间的交换,如果要用函数实现相同的功能是非常复杂的;另外,task 也避免了直接用一般语句来描述所引起的不易理解和综合时产生冗余逻辑等问题。例 3 - 16 程序为：

［例 3 - 16］

```
module sort4(ra,rb,rc,rd,a,b,c,d)
output[3:0] ra,rb,rc,rd;
input[3:0] a,b,c,d;
reg[3:0] ra,rb,rc,rd;
reg[3:0] va,vb,vc,vd;
always @(a or b or c or d)
    begin
        {va,vb,vc,vd} = {a,b,c,d};
        sort2(va,vc);          // va 与 vc 互换
        sort2(vb,vd);          // vb 与 vd 互换
        sort2(va,vb);          // va 与 vb 互换
        sort2(vc,vd);          // vc 与 vd 互换
        sort2(va,vc);          // vb 与 vc 互换
        {ra,rb,rc,rd} = {va,vb,vc,vd};
    end
task sort2;
    inout[3:0]x,y;
    reg[3:0]tmp;
    if(x>y)
        begin
        tmp=x;      //x 与 y 变量的内容互换,要求顺序执行,所以采用阻塞赋值方式
            x=y;
            y=tmp;
        end
    endtask
endmodule
```

值得注意的是,task 中的变量定义与模块中的变量定义不尽相同,它们并不受输入、输出类型的限制。如例 3 - 16 中,x 与 y 对于 task sort2 来说是 inout 型,但实际上它们对应的是 always 块中的变量,都是 reg 型变量。

可编程逻辑器件开发设计流程和设计技巧

主要任务：

（1）了解可编程逻辑器件开发设计应用软件的基本情况。

（2）熟悉可编程逻辑器件开发设计应用软件 Quartus Ⅱ 操作的全过程。

（3）掌握可编程逻辑器件开发设计的基本设计流程。

（4）掌握可编程逻辑器件开发设计中的同步电路设计技巧、器件选择方案、低功耗设计原则。

4.1 熟悉可编程逻辑器件开发设计应用软件

4.1.1 可编程逻辑器件开发软件简介

复杂的系统设计离不开工具的支持，工具的选择也很重要，项目设计中选择 FPGA 器件时应考虑工具的支持。FPGA 领域最主要的两个厂商是 Altera 与 Xilinx。两公司提供的产品比较类似，相互竞争。在开发工具上，Altera 主要是 Quartus Ⅱ +SOPC Builder/Qsys+nios/ARM+DSP Builder+SignalTap Ⅱ，通过第三方还可支持 MIPS 处理器软核 MP32、ARM Cortex－M1、Intel Atom Processor E6xSC Series、Freescale V1 ColdFire Processor。Xilinx 主要是 ISE＋EDK＋MicroBlaze/PowerPC405+Sysgen/AccelDSP ＋ChipScope。

Quartus Ⅱ 是 Altera 新一代 FPGA 集成开发环境，支持多平台，支持图形界面与命令行界面，能完成 FPGA 项目设计输入、前后仿真、设计约束、综合适配、下载、调试全流程，提供多种主流第三方工具接口，可方便地将优秀第三方工具集成到项目流程中。

Quartus Ⅱ 的使用可重点参阅 Quartus Ⅱ 手册（http://www.altera.com/literature/hb/qts/quartus_handbook.pdf）。

Quartus Ⅱ 版本更新快，版本更新时会引入新工具，新版本刚推出时可能会有不少 bug，因而应慎重更新版本，但同一版本的 SP 补丁包应注意及时更新，项目进行期间最好不换版本。

4.1.2 可编程逻辑器件开发软件的应用

本项目应用实例展示应用 Quartus Ⅱ 软件的全过程。

进入 WINDOWS 系统后,双击 Quartus Ⅱ 图标,屏幕如图 4 – 1 所示,不同的软件版本会有差别。

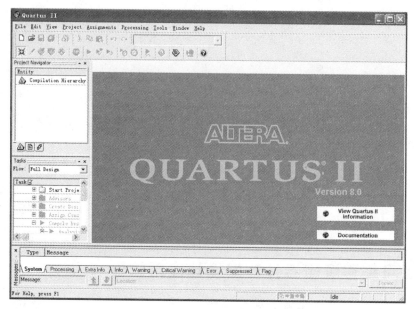

图 4 – 1   Quartus Ⅱ 管理器

1. 工程建立

使用 New Project Wizard,可以为工程指定工作目录、分配工程名称以及指定最高层设计实体的名称。还可以指定要在工程中使用的设计文件、其他源文件、用户库和 EDA 工具,以及目标器件系列和器件。

建立工程的步骤如下:

(1)选择 File 菜单下 New Project Wizard,如图 4 – 2 所示。

(2)输入工作目录和项目名称,如图 4 – 3 所示。可以直接选择 Finish,以下的设置过程可以在设计过程中完成。

(3)加入已有的设计文件到项目,可以直接选择 Next,设计文件可以在设计过程中加入,如图 4 – 4 所示。

(5)选择设计器件,如图 4 – 5 所示。

(6)选择第三方 EDA 综合、仿真和时序分析工具,如图 4 – 6 所示。

(7)建立项目完成,显示项目概要,如图 4 – 7 所示。

Quartus II
File Edit View Project Assignments Processing Tools Window Help
New... Ctrl+N
Open... Ctrl+O
Close Ctrl+F4
New Project Wizard...
Open Project... Ctrl+J
Convert MAX+PLUS II Project...
Save Project
Close Project
Save Ctrl+S
Save As...
Save Current Report Section As...
File Properties...
Create / Update
Export...
Convert Programming Files...
Page Setup...
Print Preview
Print... Ctrl+P
Recent Files
Recent Projects
Exit Alt+F4
ALTERA
QUARTUS II
Version 8.0
View Quartus II Information
Documentation
Warning
Critical Warning
Error
Suppressed
Flag
Message:
Location
Starts the New Project Wizard
Idle

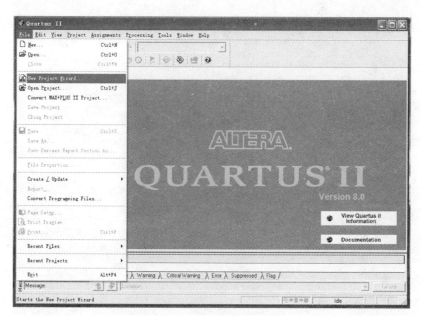

图 4－2　建立项目的屏幕

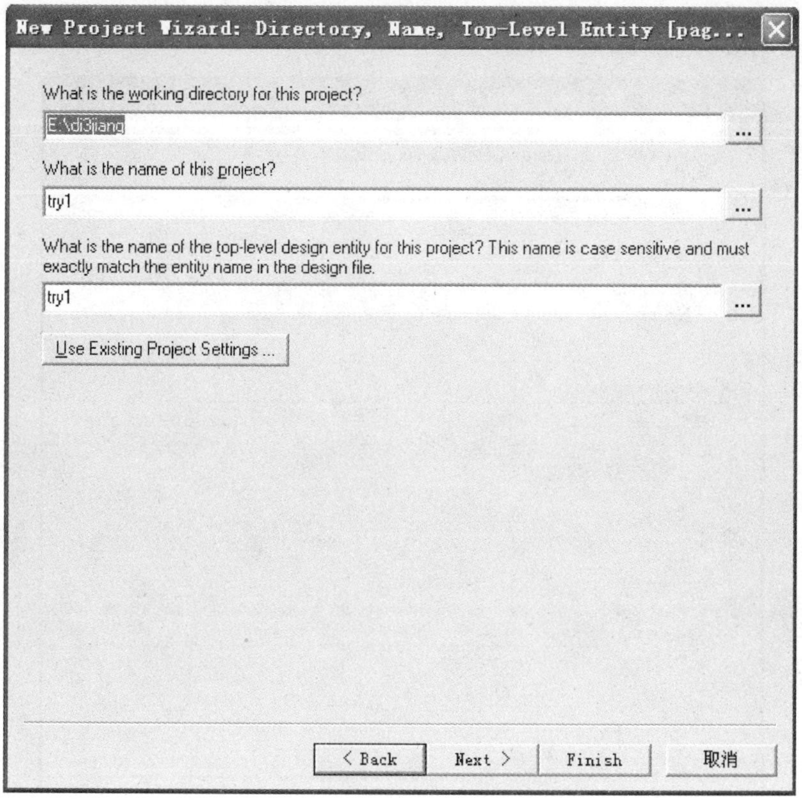

New Project Wizard: Directory, Name, Top-Level Entity [pag...
What is the working directory for this project?
E:\di3jiang
What is the name of this project?
try1
What is the name of the top-level design entity for this project? This name is case sensitive and must exactly match the entity name in the design file.
try1
Use Existing Project Settings ...
< Back
Next >
Finish
取消

图 4－3　项目目录和名称

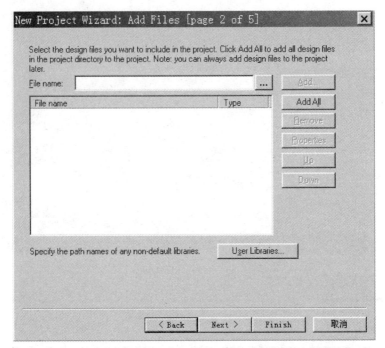

图 4-4　加入设计文件

图 4-5　选择器件

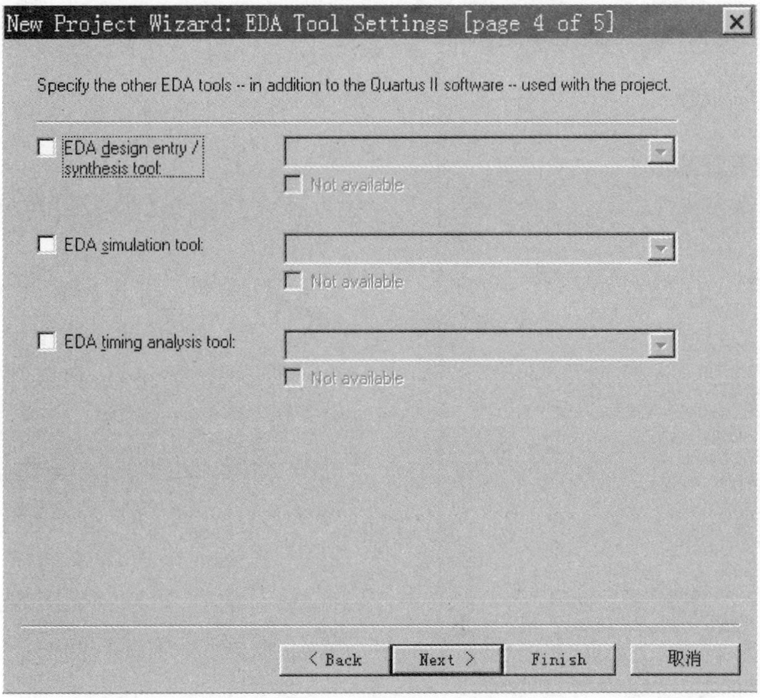

New Project Wizard: EDA Tool Settings [page 4 of 5]   ×

Specify the other EDA tools -- in addition to the Quartus II software -- used with the project.

☐ EDA design entry /
  synthesis tool: [▼]
                                     ☐ Not available

☐ EDA simulation tool: [▼]
                                     ☐ Not available

☐ EDA timing analysis tool: [▼]
                                     ☐ Not available

                    < Back   Next >   Finish   取消

图 4-6 选择 EDA 工具

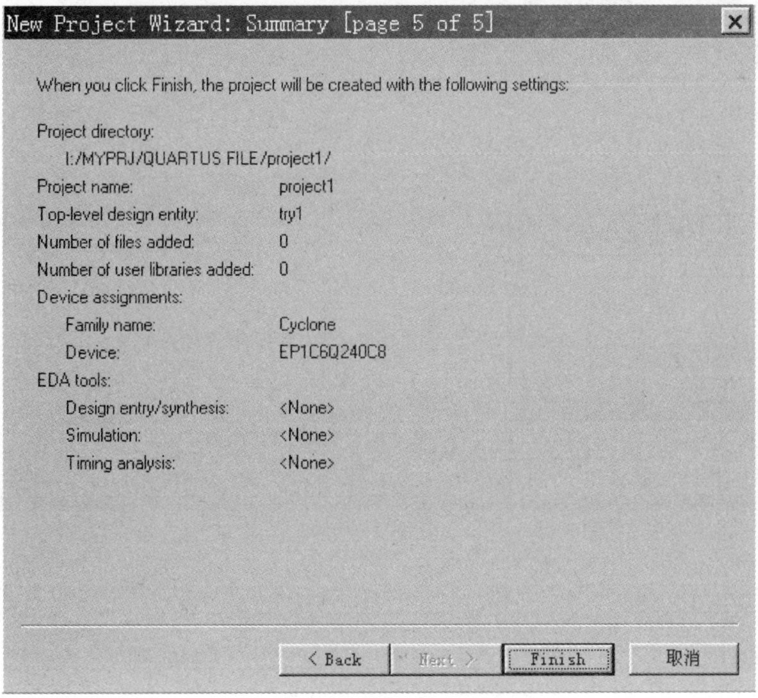

New Project Wizard: Summary [page 5 of 5]   ×

When you click Finish, the project will be created with the following settings:

Project directory:
   I:/MYPRJ/QUARTUS FILE/project1/
Project name: project1
Top-level design entity: try1
Number of files added: 0
Number of user libraries added: 0
Device assignments:
   Family name: Cyclone
   Device: EP1C6Q240C8
EDA tools:
   Design entry/synthesis: <None>
   Simulation: <None>
   Timing analysis: <None>

                    < Back   Next >   Finish   取消

图 4-7 项目概要

113

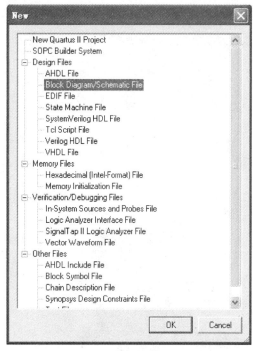

图4-8　新建原理图文件

2. 原理图的输入

原理图输入的操作步骤如下：

（1）选择 File 菜单下 New，新建图表/原理图文件，如图4-8所示。

（2）在图4-9的空白处双击，屏幕如图4-10所示。

（3）在图4-10的 Symbol Name 输入编辑框中键入 DFF 后，单击 OK 按钮。此时可看到光标上粘着被选的符号，将其移到合适的位置（图4-11）单击鼠标左键，使其固定。

（4）重复上述步骤（2）、（3），给图中各放一个 input，not，output 符号，如图4-11所示；在图4-11中，将光标移到右侧 input 右侧待连线处单击鼠标左键后，再移动到 D 触发器的左侧单击鼠标左键，即可看到在 input 和 D 触发器之间有一条线生成。

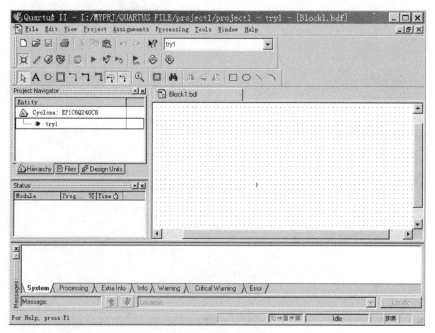

图4-9　空白的图形编辑器

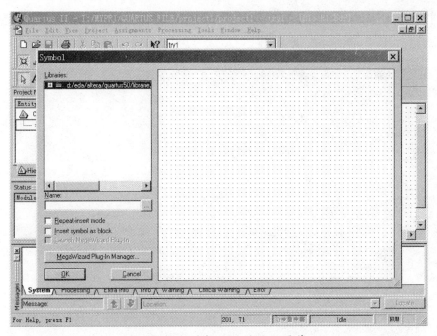

图 4-10　选择元件符号的屏幕

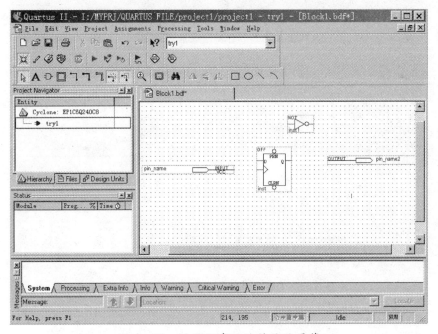

图 4-11　放置所有元件符号的屏幕

（5）重复上述步骤(4)的方法将 DFF 和 output 连起来,完成所有的连线电路如图 4-12 所示。

（6）在图 4-12 中,双击 input_name 使其衬低变黑后,再键入 clk,及命名该输入信号为

clk,用相同的方法将输出信号定义成 Q 如图 4-13 所示。

（7）在图 4-13 中单击保存按钮 ，以默认的 try1 文件名保存，文件后缀为.bdf。

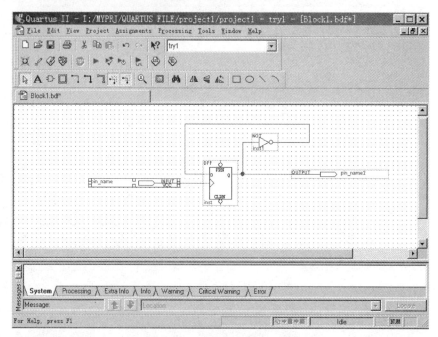

图 4-12　完成连线后的屏幕

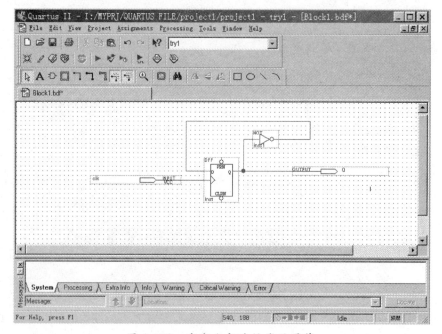

图 4-13　完成全部连接线的屏幕

（8）在图 4 - 13 中，单击编译器快捷方式按钮 ▶ ，完成编译后，弹出菜单报告错误和警告数目，并生成编译报告如图 4 - 14 所示。

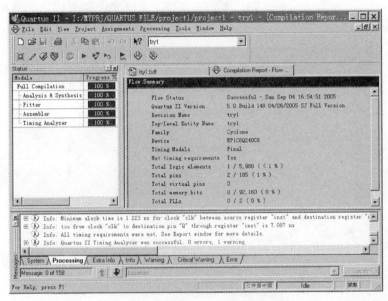

图 4 - 14　完成编译的屏幕

（9）若需指定器件，选择 Assignments 菜单下 Device 选项，屏幕如图 4 - 15 所示。

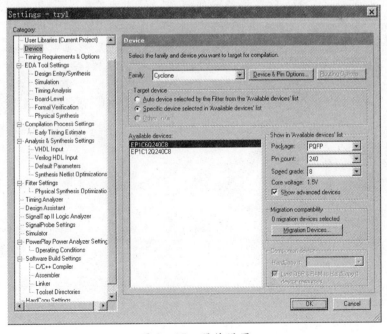

图 4 - 15　器件设置

（10）完成如图 4 - 15 所示的选择后，单击 OK 按钮回到工作环境。

（11）根据硬件接口设计，对芯片管脚进行绑定。选择 Assignments 菜单下 Pins 选项。

（12）双击对应管脚后 Location 空白框，出现下拉菜单中选择要绑定的管脚，如图 4 - 16 所示。

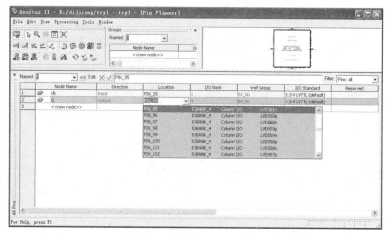

图 4 - 16　管脚指定

（13）在图 4 - 16 中完成所有管脚的分配，并把没有用到的引脚设置为 As input tri-stated，Assignments—Device—Device and Pin Options—Unused Pins，然后重新编译项目。

（14）对目标版适配下载，（若实验板已安装妥当），单击 按钮，屏幕显示如图 4 - 17 所示。

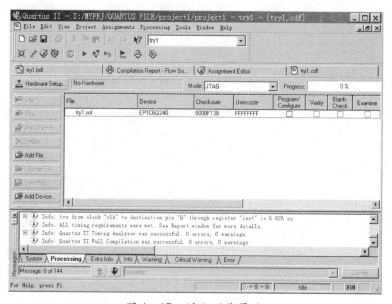

图 4 - 17　适配下载界面

（15）选择 Hardware Setup，如图 4-18 所示。

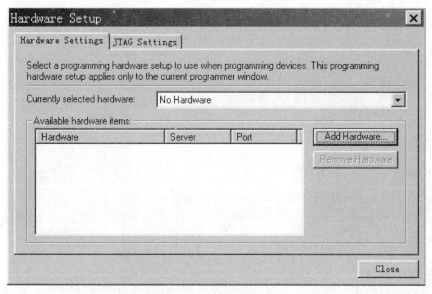

图 4-18　下载硬件设置

（16）在图 4-18 中选择添加硬件 ByteBlasteMV or ByteBlaster Ⅱ，如图 4-19 所示。

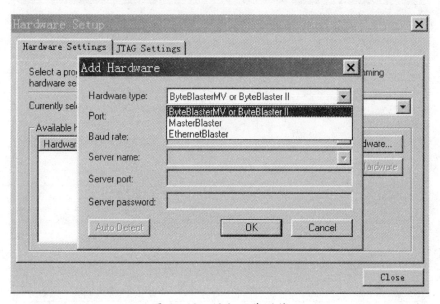

图 4-19　添加下载硬件

（17）可以根据需要添加多种硬件于硬件列表中，双击可选列表中需要的一种，使其出现在当前选择硬件栏中（实验板采用 ByteBlaster Ⅱ 下载硬件），如图 4-20 所示。

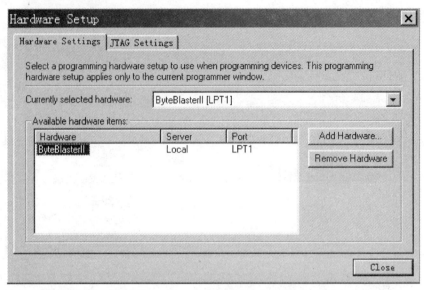

图4-20　选择当前下载硬件

（18）选择下载模式，实验板可采用两种配置方式，AS 模式对配置芯片下载，可以掉电保持，而 JTAG 模式对 FPGA 下载，掉电后 FPGA 信息丢失，每次上电都需要重新配置，如图4-21 所示。

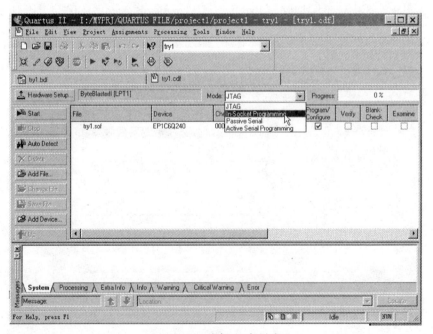

图4-21　选择下载模式

（19）选择下载文件和器件，JTAG 模式使用后缀为.sof 的文件，AS 模式使用后缀为.pof 的文件，选择需要进行的操作，分别如图4-22、图4-23 所示；使用 AS 模式时，还要设置

Assignments 菜单下 Device,如图 4 – 24 所示,选择图 4 – 24 中 Device & Pin Options,如图 4 – 25 所示,选择使用的配置芯片,编译。

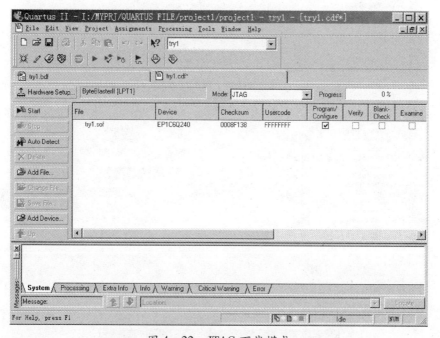

图 4 – 22 JTAG 下载模式

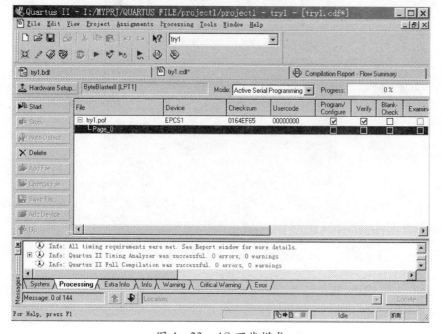

图 4 – 23 AS 下载模式

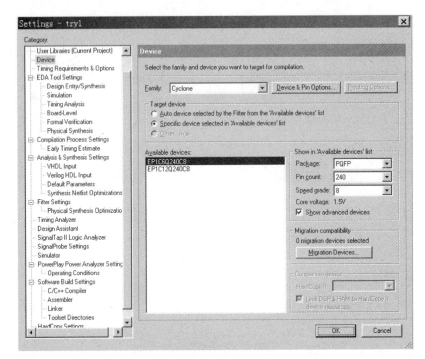

图 4-24 器件选项

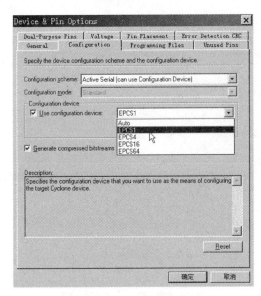

图 4-25 配置芯片选择

（20）点击 Start 按键，开始下载。

3. 文本编辑（Verilog）

使用 Quartus Ⅱ软件进行文本编辑，Verilog DHL 的操作如下：

（1）建立 project2 项目如图 4－26 所示。

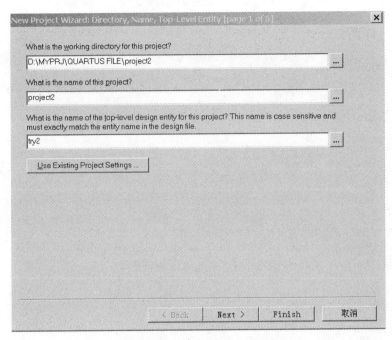

图 4－26　建立项目 project2

（2）在软件主窗口单击 File 菜单后，单击 New 选项，选择 Verilog HDL File 选项，如图 4－27 所示。

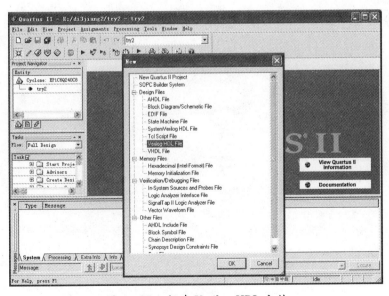

图 4－27　新建 Verilog HDL 文件

（3）单击 OK 进入空白的文本编辑区，进行文本编辑。以 D 触发器为例，其完成后的屏幕如图 4-28 所示。

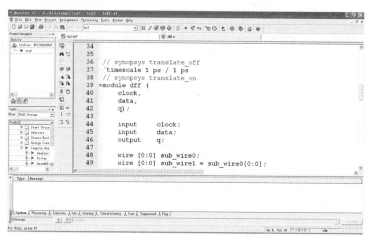

图 4-28　完成编辑后的屏幕

（4）v 文件名必须与模块面相同，将 dff1.v 文件设置为顶层文件，Project→Set as Top→Level Entity。

（5）完成编辑后的步骤与完成原理图编辑的步骤相同。

（6）利用 v 文件生成原理图模块。在 v 文件编辑界面中，File→Creat/Update→Creat Symbol Files for Current File。

4. 波形仿真

以 project2 为例，介绍使用 Quartus II 软件自带的仿真器进行波形仿真的步骤。

（1）打开 project2 项目，新建波形仿真文件，如图 4-29 所示。

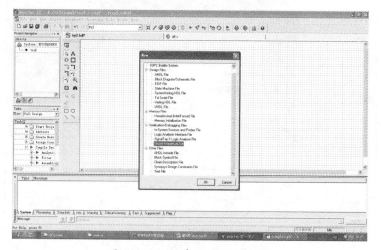

图 4-29　新建矢量波形文件

（2）在建立的波形文件左侧一栏中,点击鼠标右键,在弹出菜单中选择 Insert Node or Bus,如图 4 – 30 所示。

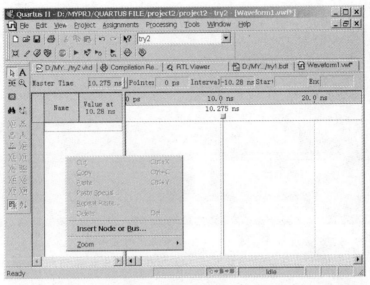

图 4 – 30　矢量波形文件节点加入

（3）在出现的图 4 – 31 中,选择 Node Finder,将打开 Node Finder 对话框,本试验对输入输出的管脚信号进行仿真,所以在 Filter 中选择 Pins:all,点击 List 按钮,如图 4 – 32 所示。

（4）在图 4 – 32 左栏中选择需要进行仿真的端口通过中间的按钮加入到右栏中,点击 OK,端口加入到波形文件中,如图 4 – 33 所示。

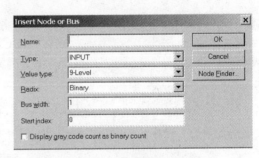

图 4 – 31　节点加入工具框

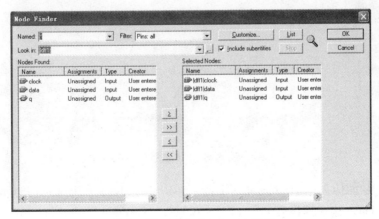

图 4 – 32　Node Finder 对话框

125

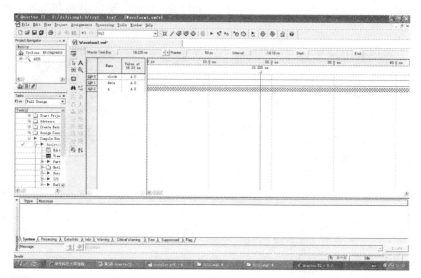

图 4-33 加入仿真节点后的波形图

（5）在图 4-33 中,选择一段波形,通过左边的设置工具条,给出需要的值,设置完成激励波形,保存后如图 4-34 所示。

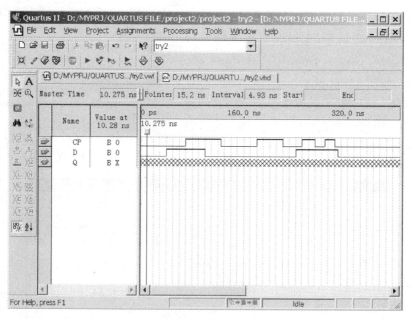

图 4-34 设置好激励波形的波形文件

（6）设置为功能仿真: Assignment→Timing Analysis Settings→Simulator Settings→Simulation mode 选择 Functional,生成网络表 Processing→Generate Functional Simulation Netlist。

（7）点击快捷按钮 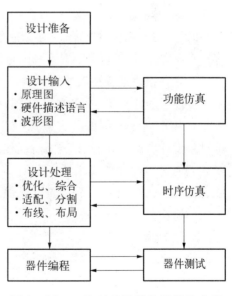，开始仿真，完成后得到波形如图 4 – 35 所示，根据分析，功能符合设计要求。

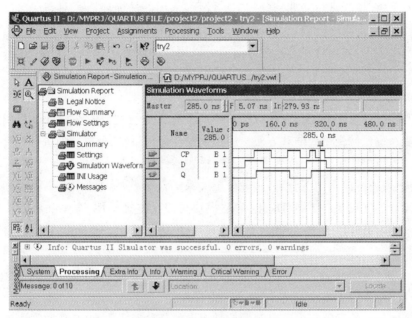

图 4 – 35　波形仿真结果

4.2　掌握可编程逻辑器件开发设计流程

可编程逻辑器件的设计是利用开发软件和编程工具对器件进行开发的过程。可编程逻辑器件的设计流程如图 4 – 36 所示，它包括设计准备、设计输入、设计处理和器件编程四个步骤以及相应的功能仿真、时序仿真和器件测试三个设计验证过程。

4.2.1　设计准备

在对可编程逻辑器件的芯片进行设计之前，首先要进行方案论证、系统设计和器件选择等设计准备工作。设计者首先要根据任务要求，如系统所完成的功能及复杂程度，对照速度和器件本身的资源、成本及连线的可布性等方面进行权衡，选择合适的设计方案及合适的器件类型。

图 4 – 36　可编程逻辑器件的设计流程

数字系统设计有多种方法,如模块设计法、自顶向下(Top-Down)设计法和自底向上设计法等。自顶向下设计法是目前最常用的设计方法,也是基于芯片的系统设计的主要方法。它首先从系统设计入手,在顶层进行功能划分和结构设计,采用硬件描述语言对高层次的系统进行描述,并在系统级采用仿真手段验证设计的正确性,然后再逐级设计低层的结构。由于高层次的设计与器件及工艺无关,而且在芯片设计前就可以用软件仿真手段验证系统方案的可行性,因此自顶向下的设计方法有利于在早期发现结构设计中的错误,避免了不必要的重复设计,提高了设计的一次成功率。

自顶向下的设计采用功能分割的方法从顶向下逐次进行划分。在设计过程中采用层次化和模块化将使系统设计变得简洁和方便。层次化设计是分层次、分模块地进行设计描述。描述器件总功能的模块放在最上层,称为顶层设计;描述器件某一部分功能的模块放在下层,称为底层设计;底层模块还可以再向下分层,这种分层关系类似于软件设计中的主程序和子程序的关系。层次化设计的优点是:支持模块化,底层模块可以反复被调用,多个底层模块也可以同时由多个设计者同时进行设计,因而提高了设计效率;模块化设计比较自由,它既适合于自顶向下的设计,也适合于自底向上的设计。

4.2.2　设计输入

设计者将所设计的系统或电路以开发软件要求的某种形式表示出来,并送入计算机的过程称为设计输入。设计输入通常有以下几种方式。

1. 原理图输入方式

这是一种最直接的设计描述方式,它使用软件系统提供的元器件库及各种符号和连线画出原理图,形成原理图输入文件。这种方式大多用在对系统及各部分电路很熟悉的情况,或系统对时间特性要求较高的场合。当系统功能较复杂时,原理图输入方式效率低,它的主要优点是容易实现仿真,便于信号的观察和电路的调整。

2. 硬件描述语言输入方式

硬件描述语言是用文本方式描述设计,目前常用的高层硬件描述语言,有 VHDL 和 Verilog HDL 等。它们都已成为 IEEE 标准,并且有许多突出的优点,如语言与工艺的无关性,可以使设计者在系统设计、逻辑验证阶段便确立方案的可行性;又如语言的公开可利用性,使它们便于实现大规模系统的设计等;同时,硬件描述语言具有很强的逻辑描述和仿真功能,而且输入效率高,在不同的设计输入库之间转换非常方便。因此,硬件描述语言设计已是当前的趋势。

3. 波形输入方式

波形输入主要用于建立和编辑波形设计文件以及输入仿真向量和功能测试向量。

波形设计输入适合用于时序逻辑和有重复性的逻辑函数。系统软件可以根据用户定义的输入/输出波形自动生成逻辑关系。

波形编辑功能还允许设计者对波形进行拷贝、剪切、粘贴、重复与伸展,从而可以用内部节点、触发器和状态机建立设计文件,并将波形进行组合,显示各种进制的状态值,还可以通过将一组波形重叠到另一组波形上,对两组仿真结果进行比较。

4.2.3　设计处理

这是器件设计中的核心环节。在设计处理过程中,编译软件将对设计输入文件进行逻辑化简、综合和优化,并适当地用一片或多片器件自动地进行适配,最后产生编程用的编程文件。

1. 语法检查和设计规则检查

设计输入完成之后,在编译过程中首先进行语法检验,如检查原理图有无漏连信号线,信号有无双重来源,文本输入文件中关键字拼写错误等各种语法错误,并及时列出错误信息报告供设计者修改;然后进行设计规则检验,检查总的设计有无超出器件资源或规定的限制并将编译报告列出,指明违反规则的情况以供设计者纠正。

2. 逻辑优化和综合

化简所有的逻辑方程或用户自建的宏,使设计所占用的资源最少。综合的目的是将多个模块化设计文件合并为一个网表文件,并使层次设计平面化。

3. 适配和分割

确定优化以后的逻辑能否与器件中的宏单元和I/O单元适配,然后将设计分割为多个便于适配的逻辑小块形式,映射到器件相应的宏单元中。如果整个设计不能装入一片器件时,可以将整个设计自动划分(分割)成多块并装入同一系列的多片器件中去。

分割工作可以全部自动实现,也可以部分由用户控制,还可以全部由用户控制进行。划分时应使所需器件数目尽可能少,同时应使用于器件之间通信的引脚数目最少。

4. 布局和布线

布局和布线工作是在设计检验通过以后由软件自动完成的,它能以最优的方式对逻辑元件布局,并准确地实现元件间的互连。

布线以后软件会自动生成布线报告,提供有关设计中各部分资源的使用情况等信息。

5. 生成编程数据文件

设计处理的最后一步是产生可供器件编程使用的数据文件。

4.2.4　设计校验

设计校验过程包括功能仿真和时序仿真,这两项工作是在设计处理过程中间同时进行的。

功能仿真是在设计输入完成之后,选择具体器件进行编译之前进行的逻辑功能验证,因此又称为前仿真。此时的仿真没有延时信息,对于初步的功能检测非常方便。仿真前,要先利用波形编辑器或硬件描述语言等建立波形文件或测试向量,仿真结果将会生成报告文件和输出信号波形,从中便可以观察到各个节的信号变化。若发现错误,则返回设计输入中修改逻辑设计。

时序仿真是在选择了具体器件并完成布局、布线之后进行的时序关系仿真,因此又称后仿真。由于不同器件的内部延时不一样,不同的布局、布线方案也给延时造成不同的影响,因此在设计处理以后,对系统和各模块进行时序仿真,分析其时序关系,估计设计的性能以及检查和消除竞争冒险等是非常有必要的。实际上这也是与实际器件工作情况基本相同的仿真。

4.2.5　器件编程

编程是指将编程数据放到具体的可编程器件中去。对 FPGA 来说,是将数据文件"配置"到 FPGA 中去。器件编程需要满足一定的条件,如编程电压、编程时序和编程算法等。器件在编程完毕之后,可以用编译时产生的文件对器件进行检验、加密等工作。对于具有边界扫描测试能力和在系统编程能力的器件来说,测试起来更加方便。

4.2.6　器件选型

由于 FPGA 具有设计灵活、可重复编程的优点,因此在电子产品设计领域得到了越来越广泛的应用。在工程项目或者产品设计中,选择适合的 FPGA 芯片对设计起着至关重要的作用。产品设计中选择 FPGA 芯片的参考方法有:

1. 考虑逻辑资源的容量

FPGA 系统设计一般采用硬件描述语言来完成设计,这与基于 CPU 的软件开发有很大不同。在进行算法实现的时候,使用 FPGA 很难估算需要消耗多少逻辑资源。因此,在选用 FPGA 型号的时候需要留一些逻辑资源的余量。

在设计初期,选择容量大一些的型号。当设计完成,根据逻辑资源消耗量,采用小容量的型号来替换设计初期的型号。这种方法既可以满足设计时对容量的需求,又能在生产时降低成本。

2. 尽量选择成熟的产品

FPGA 芯片的更新换代速度非常快,一直走在芯片领域的前列。但稳定性与可靠性是产品设计需要考虑的关键因素。厂家最新推出的 FPGA 芯片一般没有经过大批量的应用验证,这样的芯片会增加设计的风险。

同时新产品还存在产量小、供货情况不理想、价格偏高等问题。因此如果能选择成熟的产品系列满足设计需求,那么最好不要用最新的产品。

3. 尽量选择同一个公司的产品

如果在整个系统中需要多个 FPGA 器件,那么尽量选择同一个公司的产品。这样的好处不仅可以降低开发难度,还可以减少采购的成本。同一个公司的 FPGA 芯片,开发环境与工具是一致的,芯片接口电平和特性也一致,便于接口交互。

4.3　掌握可编程逻辑器件开发设计技巧

4.3.1　同步电路设计技巧

FPGA 具有丰富的触发器资源,灵活、低延时的多时钟资源和三态的总线结构资源有利于同步电路的设计实现。同时,FPGA 也存在极大的弱点:由内部逻辑实现中的局布线的不确定性所带来的系统时延的不确定性。因此,特别是对于时延关系要求苛刻的异步电路,用 FPGA 实现起来相对较困难。

1. FPGA 现场集成中的同步问题

对于时序逻辑的系统要求,可以采用时序逻辑电路的形式去实现,这可称作硬件解决方案;也可以采用基本微控制器、微处理中的内嵌微程序的时序操作形式来实现,这常称作计算机型的解决方案。两者在设计方式以及逻辑实现的形式上,都有着不同之处和相异的性能特点。

在采用 FPGA 这样已规范的可编程逻辑阵列和可编程连线的有限资源,去实现不同功能的时序逻辑电路系统时,如何把握随机的布局、布线带来的时延对系统逻辑的影响,如何避免局部逻辑资源时延特征和不同的时序电路形式的制约,如何有效利用 FPGA 的特征逻辑结构去优化电路设计,都是一个设计工程师在设计中必须考虑的问题。

在采用 FPGA 的数字时序逻辑的现场集成,特别是对于同步电路的设计实现中,常遇到如下问题。

(1) 在同步电路设计中,如何使用时钟(clock)使能信号的问题。

所谓同步电路,就是指电路在时钟信号有效时,来捕捉电路的输入信号和输出信号,规范电路的状态变化。

因此,在同步电路设计中,时钟信号是至关重要的。但是,直接用门控时钟来控制电路的状态变化,由于各种原因造成的时钟信号的毛刺将直接影响电路的正常工作,特别对于高速 FPGA 的结构,会影响电路逻辑的正常响应。因此,在电路结构中,增加时钟使能信号,无论对于防止时钟信号随机毛刺的影响,还是严格规范电路逻辑的时序对应,都是非常重要的。图 4-37 所示为时钟使能信号 CE 的电路实现。

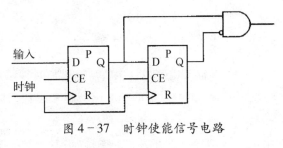

图 4-37　时钟使能信号电路

有的电路采用图 4-38(a)所示的对触发器增添 CE 脚的形式,而有的设计则采用图 4-38(b)所示的附加逻辑控制端 CE 的方式来实现 CE 的控制功能。

不管采用何种形式,如果在电路中不使用 CE 信号时,则将 CE 端接至高电平。同样,当在设计中需要多重时钟时,时钟使能也可用来维护电路状态变化的同步性时,时钟使能信号可由图 4-39 的电路来实现。

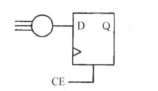 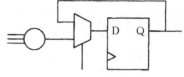

(a) 增添具有CE脚的触发器　　　　(b) 附加逻辑控制端CE

图 4-38　在电路中加入 CE 信号的形式

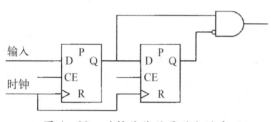

图 4-39　时钟使能信号的电路实现

（2）在同步电路设计中,如何合理布置时钟分配的问题。

同步电路中的多时钟产生,往往采用时钟分配电路来实现。这时,首先要关注的是如何降低分配时钟之间的时钟偏移问题。对于如图 4-40 所示的时钟分配电路,为了减少时钟 CLKl 和 CLK2 之间的时钟偏移,可采用额外的缓冲器 BUFG 来降低 CLK2 的时钟偏移。

但是,这样的电路并不能完全抑制时钟波形的变形。若需完全抑制 CLKl 和 CLK2_CE 之间的时钟偏移,可尝试如图 4-41 所示的电路。该电路中的 BUFG 为可选缓冲器。当 CLK2_CE 信号是高扇出时,可省略 BUFG 缓冲器。

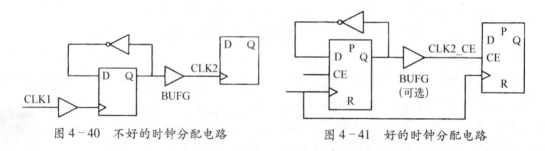

图 4-40　不好的时钟分配电路　　　　图 4-41　好的时钟分配电路

（3）在同步电路设计中应严格避免时钟信号(CLK)、置位(Set)/复位(Reset)信号的毛刺。

FPGA 中的触发器的响应速度越来越快,其可以响应非常窄的时钟脉冲。因此,往往触发器会响应时钟信号中的毛刺。导致逻辑发生误动作。为了避免时钟等信号的毛刺,在设计中应严格注意不能采用所谓的"门控时钟",即由组合逻辑输出直接作为时钟的现象发生。如图 4-42 所示,如果与门的 MSB 输入连线较短,则在计数器输出信号"0111→1000"的

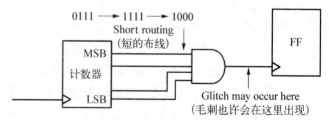

图 4-42　门控时钟的毛刺产生原理

瞬变,在与门输入端就可以瞬间出现"0111→1111→1000"的过程。这个"1111"的出现,将在触发器 FF 的时钟输入端形成毛刺。

为了防止这类情况的发生,建议采用如图 4-43 所示的电路,这样便可以实现相同的逻辑功能,却不会导致时钟产生毛刺。也可以有意识地对与门输入端引入一个 CLB 时延,如图 4-44 所示,同样可以将门控时钟毛刺形成的可能性降低。

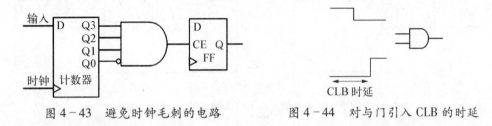

图 4-43　避免时钟毛刺的电路　　　　图 4-44　对与门引入 CLB 的时延

在同步电路中,异步清除或预置输入信号的毛刺,同样会导致电路逻辑出错。如图 4-45 所示中的"Reset"信号,虽然是可执行一个异步的清除,但由于其信号源于一个组合逻辑与门,其中可能的毛刺会使电路出错。

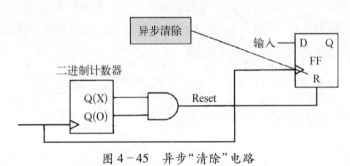

图 4-45　异步"清除"电路

解决该问题的原则和克服时钟信号毛刺的原则一样,如图 4-46 所示。可以采用图 4-46(a)方法,即采用同步化的 Reset 控制的触发器 FF;也可采用图 4-46(b)方法,即在电路中将 Reset 信号改为时钟使能信号来控制电路逻辑,从而避免 Reset 信号中的毛刺。

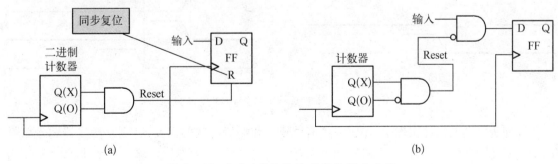

(a)　　　　　　　　　　　　　　　　　　　(b)

图 4-46　"清除"信号的同步化解决方案

图 4-47 是具有异步复位的计时器,如何避免复位信号中毛刺影响的不同设计。其中图 4-47(a) 的设计不能克服异步复位信号中毛刺的影响,而图 4-47(b) 则可有效地克服异步复位信号中毛刺的影响。

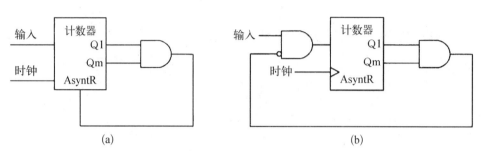

图 4-47　避免 Set/Reset 信号中毛刺的影响的分析

(4) 在同步电路设计中,时钟偏移及不确定信号电平的影响。

时序电路在 FPGA 中实现时,由于各部分连线长短不一致,导致虽然多个触发器共用一个时钟信号,但触发器时钟端的信号延时并不相同,信号会发生不同的畸变,造成时钟信号偏移。图 4-48 所示,图 4-48(a) 中标出时钟信号的不同时延,图 4-48(b) 是期望的信号波形关系;对照图 4-48(c) 的信号波形,可以分析,由于时钟信号到达触发器的端口处的信号发生畸变和不同的时延,该移位寄存器将不能正常工作。

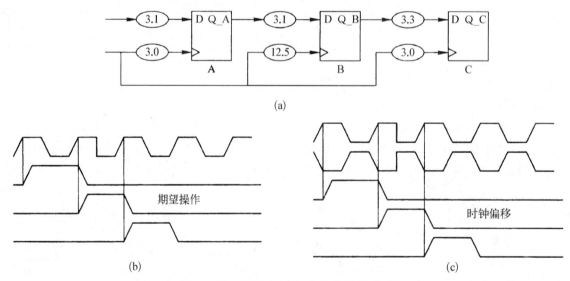

图 4-48　同步电路中时钟偏移的影响

在同步电路的设计实现中,还应注意信号建立和保持时间的需要,特别是触发器输入信号的变化不能距离时钟信号边缘太近,如果二者太接近的话,触发器输出将会形成维护输入 D 的原值,改变成输入 D 的新值,输出是不确定的等情况。

2. 同步逻辑电路设计中的基本技巧

1）对于输入信号是异步的情况

在同步逻辑电路设计中,对于异步的输入信号,首先要做的工作是同步异步信号。图 4 - 49 所示为异步输入信号同步化的电路举例。

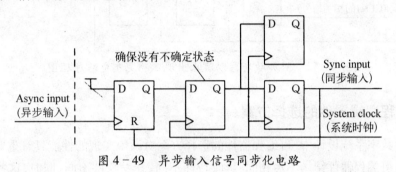

图 4 - 49　异步输入信号同步化电路

2）两个独立时钟的情况

在同步逻辑电路的系统中,如果存在两个时钟信号 CLK1 和 CLK2。对于如图 4 - 50 所示电路,前后两个触发器之间为某一逻辑功能,CLK1 和 CLK2 分别是前后两个触发器的时钟信号。这时需要分两种情况考虑:CLK1 慢于 CLK2 (CLK1 的脉宽大于 CLK2);CLK1 快于 CLK2 (CLK1 的脉宽小于 CLK2)。

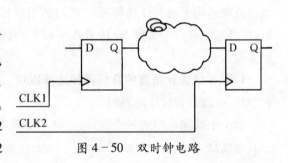

图 4 - 50　双时钟电路

对于 CLK1 的脉宽大于 CLK2 的情况,需要在电路中附加一个触发器,以防止出现不确定状态,如图 4 - 51 所示,FF1 是一个用于防止不确定态出现的触发器,FF2 输出被同步于 CLK2。

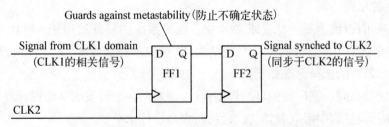

图 4 - 51　附加触发器以防止出现不确定态电路原理图

对于 CLK1 的脉宽小于 CLK2 时,输入脉冲宽度也许会小于 1 个时钟周期宽度,如图 4 - 52 所示,需要再增加一个触发器,以防止出现不确定状态,且输出信号仍需同步于 CLK2。

双时钟电路可用于异步输入信号的同步化实现中。当输入脉冲宽于 1 个时钟周期时,可使用 CLK1 慢于 CLK2 的信号同步化电路(图 4 - 52)。同样,当输入脉冲宽度小于 1 个时钟周期时,需要使用 CLK1 快于 CLK2 的信号同步化电路。

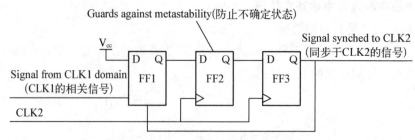

图 4-52　附加触发器以防止出现不确定态电路原理图

4.3.2　可编程逻辑器件的选择方案

在实际的数字系统设计中,可编程器件的选择方案对系统实现的性能具有重要的影响。因为不同厂商的可编程器件结构不尽相同、延时特性不同、开发软件不同,同时,这些可编程器件也没有像通用逻辑器件那样采用相同的引脚标准。所以,不同厂商的可编程器件不能完全兼容,不能相互替换。因此,设计者在可编程器件的选择上需要谨慎。归纳起来,基本的选择原则有:

1. 从系统设计角度的目标器件选择原则

1）电磁兼容设计的原则

对于中低速电路的系统设计,尽量不要采用高速器件。因为高速器件不仅价格高,而且由于其速度高,反而会引发或增加电磁干扰,使系统工作难以稳定。

2）主流芯片原则

公开推出各种型号的芯片,但由于生产或推广策略的原因,器件的价格往往并不是完全和器件的容量、速度成比例关系,而是和该器件是否是目前的主流推广器件有关。

3）多片系统原则

对于有的应用设计,不要一味追求单片化。如果系统的局部适用于 CPLD,另一局部适用于 FPGA,则完全可采用多器件的复合系统结构,既有利于降低成本,又能加快设计进程,提供系统的稳定性。器件的选择标准如下:

（1）尽可能选择同一家厂商的可编程器件,以便对同一个研发团队的设计者进行开发软件操作的培训,在开发过程中吸取教训,交流经验,提高设计水平。

（2）对于经验不足的设计者,先尽可能减小大规模可编程器件的选择,采用多片中小规模的 FPGA 结合使用的方案,实现各个子系统的功能验证。待功能验证完成后,再提高集成度,采用大规模的 FPGA 芯片,即单片 FPGA 方案。

（3）利用 FPGA 芯片资源丰富的特点,完成各种算法、运算、控制、时序逻辑等功能,提高集成度;利用 CPLD 芯片速度快、保密性好的特点,完成快速译码、控制、加密等逻辑功能。

在一个复杂系统确定总体方案时,总体设计者就应该根据系统复杂度、参研人员的研发能力、对系统电路要求理解的准确程度、对 FPGA 开发工具掌握程度、FPGA 器件的性能价格比、产品研制进度以及经费等诸多因素,确定采用单片 FPGA 方案,还是多片 FPGA 方案。

2. 从器件资源角度的目标器件选择原则

当进行任一个数字系统的 FPGA 设计与实现中,也可以根据系统的要求,从器件资源角度来考虑,进行器件的选择。

1）器件的逻辑资源和目标系统的逻辑需求相匹配

所谓器件的逻辑资源,是指器件内陈列排布的触发器资源、组合逻辑资源、内嵌存储单元资源、三态缓冲器资源等,当然也包括各种布线资源。但是,由于器件内布线资源的限制和逻辑单元内可编程选择开关的限制,很难使器件内的逻辑资源实现百分之百的利用。因此,根据系统的逻辑资源需求评估器件的选择,是衡量设计者设计经验的重要指标,是降低成本的主要条件。

在目标器件的选择上采用特征单元评估法。所谓特征单元评估法,其要点在消化和理解所设计的数字系统,整理出特征逻辑单元的数目要求。而特征逻辑单元,根据数字系统的功能特征,可以是触发器,也可以是组合门、RAM 存储单元或三态缓冲。总之,根据设计要求来分析:在必须集成入芯片的逻辑单元之中,哪一种逻辑单元是受制芯片资源限制的主要因素。如果该电路所使用的触发器数目较多,则可将触发器作为特征单元来选择相应的器件;如果三态缓冲器的总线结构是电路的主要特征,则要以三态缓冲器作为特征单元来分析选择目标器件。

选定特征单元,并分析特征单元的总数后,再查找相应的 FPGA 器件数据手册,选择能满足其特征单元的数量要求、速度性能要求的适应的器件作为数字系统的目标载体。

由于数字系统还会受到布线资源和系统速度要求的限制,故选择器件时,要留有逻辑资源冗余量。一般根据其他附属逻辑资源和要求的苛求程度,选择能提供特性逻辑单元数为系统所需的该逻辑单元数的 1.1~1.3 倍的器件为宜。

2）器件的 I/O 脚的数目需满足目标系统的要求

所选择的目标器件,仅在逻辑单元的资源上符合系统要求还是不够的。器件的 I/O 脚的数目能否满足系统的输入/输出器的数目要求,是器件选择上的另一个基本要求。对于一个 FPGA 器件,其管脚的组成主要分为三类。

（1）专用功能脚。主要用于电源(VCC)、接地(Vss)、编程模式定义(M0、M1、M2)等非用户功能。这些管脚是提供器件正常工作的基本配置,不能用于器件的用户功能的定义。

（2）用户功能脚。专门用于目标数字系统的输入/输出接口定义。对于不同的器件,其接脚特征的参数可编程定义的范围也不一样。一般可提供 CMOS 电平或 TTL 电平接口;有的可定义为直接输入/输出或寄存输入/输出;有的有上拉电阻、下拉电阻定义等。

（3）用户功能/专用功能双功能脚。这类接脚可定义为用户接口,主要注意:在器件加电时的短时间内,器件处于内部功能的下载定义、重构状态时,该脚属专用功能脚,处于专用功能所需的逻辑状态;用户系统数据下载完成后,该脚才转为用户功能。因此,为了使两种不同的逻辑功能状态需求互不干扰,需要加一上接电阻或下拉电阻于该接脚。

3）系统的时钟频率要满足器件元胞、布线的时延限制要求

当系统的时钟频率决定以后,考虑到采用 FPGA 来实现系统逻辑时,如果其内部逻辑单元级联深度和布线时延接近或等于或大于系统时钟的周期,则采用该 FPGA 来实现的系统就很难保证有效地实现原系统规定的逻辑功能。所以解决的方法有:选择具有更高速度的器件替代原器件,以满足器件内部逻辑单元级联深度和布线所产生的时延小于系统的时钟周期时间的要求;采用流水线等技术措施以满足系统的时序和时延要求。

3. 从器件管脚来确定方案

在 FPGA 的设计实现中,是否需要限定系统的 I/O 接脚,是设计中值得探究的问题。原则上来讲,如果设计者对用户系统的各输入/输出端的 FPGA 接脚均给予限定,那么,在系统进行 FPGA 实现的布局布线时,无形中就受到了较多的约束,就有可能对系统的时延特性和系统的芯片面积的有效利用构成负面影响。所以,在用户系统的 FPGA 设计实现中,一般的规则是:

（1）尽量避免人为固定 I/O 接脚,除非是多次实现过程中可能重复存在的不固定 I/O 接脚。设计实现的工具在布局布线时,可根据系统需求和器件逻辑资源来实现最大自由度的规划。

（2）应尽量避免将相关的 I/O 接脚集中固定于相互靠近的位置。因为这不利于 FPGA 内部布线资源的均衡使用。所以,实际中应该尝试适当调整 I/O 脚,以利于资源利用。

（3）根据需要,适当考虑使用或禁止双功能配置脚。如果系统要求较多的 I/O 接则应采用双功能配置脚,并注意对接脚加接上拉或下拉电阻。

（4）在 FPGA 设计实现中,应该注意到 I/O 接脚的固定一般有先从左到右,再从上到下的设定习惯;并且,应根据逻辑容量的限制来决定输入和输出接脚相互分隔的距离。

4.3.3　可编程逻辑器件的低功耗设计

低功耗设计就像低的芯片操作温度、低的芯片封装价格一样,能给芯片带来很多的益处。为了使可编程逻辑的现场集成设计的产品更具竞争力,设计者往往需要对产品的性能、功耗等进行综合考虑。

可编程芯片的功耗包括静态功耗和动态功耗两部分。静态功耗主要是可编程芯片在非激活状态下由漏电流引起的。动态功耗主要是由于可编程芯片在激活状态下由芯片内部节点或输入、输出引脚上的电平转换引起的。

可编程逻辑器件的功耗主要由以下因素决定:芯片的供电电压、器件的结构、资源的利用率(互连线、逻辑单元和 I/O 单元使用的数量)、时钟频率、信号翻转速率、输出引脚的数量以及输出驱动负载的大小等。现场集成设计中功耗优化的方法和技巧多种多样,基本可以概括为两种思路:其一,降低电源电压。由于功耗与电压的二次方成正比,因此,这样做能够显著降低功耗。该方法虽然直观,实现却很复杂,尤其是对于需要兼容老机型的升级产品,采用新的电压标准,同时必须兼容现有电子系统的电压标准是一件很困难的事情。但是,对于一个全新的产品研制,应该尽可能根据系统性能指标要求,选择较低的电压标准,实现低功耗设计。其二;利用

数字集成电路常用的低功耗设计原理,在电路设计过程中,通过减小节点的电平转换次数和节点的负载电容之积,即减少节点的有效转换电容来达到减小功耗的目的。这种思路在具体运用中可以通过各种方法来实现。例如,在行为级设计上选择合适的算法,在结构级上选择合适的结构和划分,在门级上选择合适的逻辑结构。常用的方法有:

1. 优化操作

对于一个给定的功能,通过选择合适的算法以减小操作的次数,可以有效地降低节点的电平转换次数。例如,对于和常数相乘的操作,采用变换操作的方法,将乘法操作变换为加法操作和移位操作。同时,尽量减少常数中 1 的个数,这样可以减少加法操作和移位操作的次数。公因式提取法也可以减少操作次数,在这里,具有相同公因式的那部分操作将被共享。还可以利用数据之间的相关性,采用重新安排操作顺序的方法减少数据通道的电平转换次数。

2. 优化控制

从状态转换图 STG 向逻辑结构综合的过程中,常采用变换的手段优化出一个结构。这里的变换包括重新安排控制信号,将一个大的 STG 结构分解成若干个小的 STG,减少 STG 中的状态数以及对 STG 状态的重新分配。例如,根据 STG 中状态转移概率的描述,对于那些相互之间转移概率大的状态,编码时尽量减小它们之间的布尔距离。这样,就可以减少状态转移时状态线上的电平转换,从而减少有效转换电容。

3. 优化编码

选择恰当的编码也是一种行之有效的方法。例如,对于数据通道,可以采用符号编码代替补码。符号编码采用一位代表变量的符号,其余各位代表变量的大小。补码对于 0 到-1 的变化是所有位都翻转,而符号编码只有符号位翻转。对于地址线的编码方法,可以采用格雷码等做地址编码。

4. 优化结构

采用平行结构和流水线结构降低电路延时。由于电路存在延时,将使某些节点出现毛刺,从而使这些节点增加了额外的电平转换,这就是所谓的毛刺功耗。为了减少毛刺功耗,必须平衡各通路。树型结构的电路比链型结构的电路毛刺功耗小。但是,树型结构的电路所需寄存器的数目多,寄存器的功耗增加。因此,在实际运用中,必须对双方权衡考虑,采用一种最优结构,使总功耗最小。为了优化面积和减少资源,常用的一种方法是复用某些模块,但这样会使有效转换电容增加。因此可采用对称结构,以面积为代价,达到优化功耗的目的。

5. 优化逻辑

在不改变电路功能的前提下,变换寄存器在电路中的位置,使得变换后的电路结构有利于阻止毛刺的蔓延。当电路的某一部分逻辑在一段时间内不起作用的时候,就可以关闭这部分电路以降低功耗。为了节省由触发器输出翻转增加的功耗,尽可能采用时钟端带有使能信号 CE 的触发器。当 CE 信号无效时,所有时钟沿的变化都不引起触发器输出的翻转;当 CE 信号有效时,触发器才正常输出操作。

6. 优化时钟

动态功耗的很大部分是时钟频率引起的。让时钟运行在高出所需的频率上就是浪费功率。节省功耗就不要让时钟运行在高出所需的频率。可采用附加逻辑电路控制时钟,或者从原来电路内就存在的信号中选择控制时钟电路关闭的信号,而不必增加额外的控制逻辑。

7. 优化I/O

如果设计允许,可编程器件的输入/输出引脚尽可能避免接上拉或下拉电阻,节省由电阻消耗电能引起的功耗。输入引脚的信号尽可能多地保持 GND 或 VCC。减小输出引脚的负载,减小其他 IC 或 PCB 布线造成的容性负载,尽可能使得其他容性负载最小化,减小电容引起的负载。

第 2 篇

可编程逻辑器件开发设计基础单元

　　本篇应用可编程逻辑器件进行基础单元电路的开发设计,是应用可编程器件及开发设计复杂系统的基础,内容包括可编程逻辑器件基础器件开发设计、可编程逻辑器件单元电路开发设计两个项目。项目5基于硬件描述语言 VHDL,介绍了门电路、编码器、译码器、触发器、计数器、分频器、加法器、乘法器、比较器等基础器件的设计;项目6基于硬件描述语言 Verilog HDL,分析了串行通信接口电路、矩阵键盘接口控制电路、LCD显示器控制电路、模数转换器控制电路、数模转换器控制电路等单元电路的开发设计。

　　通过本篇的学习,进一步深入掌握硬件描述语言 VHDL 和 Verilog HDL 的程序设计方法和设计技巧,掌握程序设计与实际电路的结合,掌握可编程逻辑器件开发设计应用开发软件的实际操作和使用,掌握FPGA 实现电路的仿真与调试。

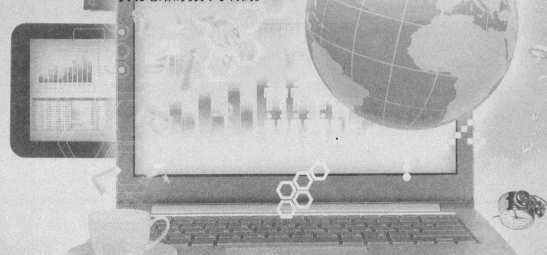

可编程逻辑器件基础器件开发设计

基本任务：

（1）基于硬件描述语言 VHDL 设计门电路、编码器、译码器、触发器、计数器、分频器、加法器、乘法器、比较器等基本器件的程序。

（2）通过 Quartus Ⅱ 应用软件，建立设计项目、编辑编译调试程序、进行电路功能仿真与测试。

（3）进一步掌握硬件描述语言 VHDL 的程序设计方法和技巧，掌握开发设计应用软件 Quartus Ⅱ 的操作和开发设计环境配套软件的操作。

（4）明确项目中每个基本器件的具体设计任务，按要求完成。

5.1 基本门电路开发设计

5.1.1 设计任务

设计与门、或门、非门、与非门、异或门及同或门等电路，应用 Quartus Ⅱ 软件开发环境、硬件描述语言（VHDL）编程，用可编程逻辑器件（FPGA）实现门电路的功能，完成编译、仿真和编程下载。

5.1.2 VHDL 源程序设计

门电路的 VHDL 源程序清单：

```
library ieee;
use ieee.std_logic_1164.all;
entity mdl is
    port(a,b:in bit;
        f1,f2,f3,f4,f5,f:out bit);
end mdl;
architecture m of mdl is
begin
```

```
    f1<=a and b;
    f2<=a or b;
    f<=not a;
   f3<=a nand b;
   f4<=a nor b;
   f5<=not(a xor b);
 end m;
```

5.1.3　功能实现与测试

1. 建立设计项目

（1）建立项目文件夹和设计项目名。

（2）启动 Quartus Ⅱ。双击桌面上 Quartus Ⅱ 的快捷方式图标。

（3）建立项目。选择菜单 File→New Project Wizard 命令，在打开的 New Project Wizard：Introduction 对话框中单击 New 按钮，在 New Project Wizard：Directory，Name，Top-level Entity 对话框中分别输入项目所在文件夹、设计项目名（mdl）和顶层文件实体名（mdl）。

（4）添加文件。单击 Next 按钮，打开 New Project Wizard：Add Files 对话框。在 File name 中输入 mdl.vhd，然后单击 Add 按钮，即可添加该文件。

（5）选择仿真器和综合器类型。单击 Next 按钮，打开 New Project Wizard：Family & Devices Settings 对话框，从中选择合适的器件。

（6）结束设置。单击 Finish 按钮，关闭对话框。

2. 编辑与编译

（1）编辑。选择菜单 File→New 命令，打开 New 对话框，在 Design Files 折叠菜单中选择 VHDL File 项，单击 OK 按钮，在打开的文本文件编辑窗口内，按程序清单输入门电路 VHDL 源程序。

（2）保存。输入完成后，选择菜单 File→Save Project 命令，保存整个设计项目。

（3）编译。选择菜单 Processing→Start Compilation 命令，启动全程编译。如果设计中存在错误，可以根据 Messages→Processing 窗口所提供的信息进行修改，重新编译，直到没有错误为止。

3. 仿真与测试

（1）选择 Processing→Start Simulation 选项，或单击开始仿真按钮，启动仿真器，仿真状态窗口和仿真报告栏自动出现并更新，信息窗口中会显示相关信息。

（2）根据 EDA 硬件开发平台的具体情况进行引脚锁定，再次编译，生成设计电路的下载文件（.sof）；使用下载电缆将计算机和可编程器件的电路板相连，实现在系统编程；单击 Tools→Programmer 选项，在编程窗口中进行硬件配置。选中下载文件 mdl.sof，单击 Start 按钮，完成编程。

144

5.2 编码器开发设计

5.2.1 设计任务

设计一个 8－3 编码器,完成编译、仿真及编程下载。8－3 普通编码器电路具有 8 个输入端,3 个输出端口,属于二进制编码器。用 x7~x0 表示 8 路输入,y2~y0 表示 3 路输出。编码方式是按照二进制的顺序由小到大进行编码。设输入、输出均为低电平有效,真值表如表 5－1 所列。利用 Quartus Ⅱ 软件开发环境、硬件描述语言(VHDL)编程,用 FPGA 实现。

表 5－1   8－3 编码器真值表

输入变量								输出变量		
x7	x6	x5	x4	x3	x2	x1	x0	y2	y1	y0
1	1	1	1	1	1	1	0	0	0	0
1	1	1	1	1	1	0	1	0	0	1
1	1	1	1	1	0	1	1	0	1	0
1	1	1	1	0	1	1	1	0	1	1
1	1	1	0	1	1	1	1	1	0	0
1	1	0	1	1	1	1	1	1	0	1
1	0	1	1	1	1	1	1	1	1	0
0	1	1	1	1	1	1	1	1	1	1

5.2.2 VHDL 源程序设计

VHDL 源程序清单:

```
library ieee;
use ieee.std_logic_1164.all;
entity coder is
port( x:in std_logic_vector( 7 downto 0) ;
        y:out std_logic_vector( 2 downto 0) ) ;
end coder;
architecture cc of coder is
  begin
   process( x)
```

```
begin
case x is
when "11111110"=>y<="000";
when "11111101"=>y<="001";
when "11111011"=>y<="010";
when "11110111"=>y<="011";
when "11101111"=>y<="100";
when "11011111"=>y<="101";
when "10111111"=>y<="110";
when "01111111"=>y<="111";
when others=>y<="xxx";          --x 为高阻状态
  end case;
   end process;
 end cc;
```

5.2.3 功能测试与实现

1. 建立设计项目

（1）建立文件夹作为项目文件夹。

（2）启动 Quartus Ⅱ。双击桌面上 Quartus Ⅱ的快捷方式图标。

（3）建立项目。选择菜单 File→New Project Wizard 命令，在打开的 New Project Wizard：Introduction 对话框中单击 Next 按钮，在 New Project Wizard：Directory Name，Top-level Entity 对话框中分别输入项目所在文件夹、设计项目名（coder）和顶层文件实体名（coder）。

（4）添加文件。单击 Next 按钮，打开 New Project Wizard：Add Files 对话框。在 File name 中输入 coder.vhd，然后单击 Add 按钮。

（5）选择仿真器和综合器类型。单击 Next 按钮，打开 New Project Wizard：Family & Devices Settings 对话框，从中选择合适的器件。

（6）结束设置。单击 Finish 按钮，关闭对话框。

2. 编辑与编译

（1）编辑。选择菜单 File→New 命令，打开 New 对话框，在 Design Files 折叠菜单中选择 VHDL File 项，单击 OK 按钮，在打开的文本文件编辑窗口内，按程序清单输入 8－3 编码器 VHDL 源程序。

（2）保存。输入完成后，选择菜单 File→Save Project 命令，保存整个设计项目。

（3）编译。选择菜单 Processing→Start Compilation 命令，启动全程编译。如果设计中存在错误，可以根据 Messages→Processing 窗口所提供的信息进行修改，重新编译，直到没有错误为止。

3. 仿真与测试

（1）选择 Processing→Start Simulation 选项，或单击开始仿真按钮，启动仿真器，仿真状态窗口和仿真报告栏自动出现并更新，信息窗口中会显示相关信息。

（2）根据 EDA 硬件开发平台的具体情况进行引脚锁定，再次编译，生成设计电路的下载文件（.sof）；使用下载电缆将计算机和可编程器件的电路板相连，实现在系统编程；单击 Tools→Programmer 选项，在编程窗口中进行硬件配置。选中下载文件 coder.sof，单击 Start 按钮，完成编程。

5.3　译码器开发设计

5.3.1　设计任务

设计一个 3－8 译码器，完成编译、仿真及编程下载。设 3－8 译码器的输入端为 a,b,c,输出端为 y7~y0，使能控制输入端 g1,g2a,g2b，低电平有效，真值表如表 5－2 所示。利用 Quartus Ⅱ软件开发环境、硬件描述语言（VHDL）编程，用 FPGA 实现。

表 5－2　　　　　　　　　　　　　　　　3－8 译码器真值表

输　　入					输　　出							
g1	g2a-g2b	c	b	a	y7	y6	y5	y4	y3	y2	y1	y0
×	1	×	×	×	1	1	1	1	1	1	1	1
0	×	×	×	×	1	1	1	1	1	1	1	1
1	0	0	0	0	1	1	1	1	1	1	1	0
1	0	0	0	1	1	1	1	1	1	1	0	1
1	0	0	1	0	1	1	1	1	1	0	1	1
1	0	0	1	1	1	1	1	1	0	1	1	1
1	0	1	0	0	1	1	1	0	1	1	1	1
1	0	1	0	1	1	1	0	1	1	1	1	1
1	0	1	1	0	1	0	1	1	1	1	1	1
1	0	1	1	1	0	1	1	1	1	1	1	1

5.3.2　VHDL 源程序设计

3－8 译码器 VHDL 源程序清单：

```
library ieee;
use ieee.std_logic_1164.all;
entity decoder is
  port(a,b,c,gl,g2a,g2b:in std_logic;
          y:out std_logic_vector(7 downto 0));
end decoder;
architecture dc of decoder is
  signal indata:std_logic_vector(2 downto 0);
  begin
    indata<=c&b&a;
  process(indata,gl,g2a,g2b)
    begin
    if(gl='1' and g2a='0' and g2b='0')then
      case indata is
      when"000"=>y<="11111110";
      when"001"=>y<="11111101";
      when"010"=>y<="11111011";
      when"011"=>y<="11110111";
      when"100"=>y<="11101111";
      when"101"=>y<="11011111":
      when"110"=>y<="10111111";
      when"111"=>y<="01111111";
      when others=>y<="11111111";        --其他情况输出全为1
    end case;
  else
    y<="11111111";
  end if;
  end process;
end dc;
```

5.3.3 功能测试与实现

1. 建立设计项目

(1)建立文件夹作为项目文件夹。

(2)启动 Quartus Ⅱ。双击桌面上 Quartus Ⅱ 的快捷方式图标。

（3）建立项目。选择菜单 File→New Project Wizard 命令，在打开的 New Project Wizard：Introduction 对话框中单击 Next 按钮，在 New Project Wizard：Directory Name，Top-level Entity 对话框中分别输入项目所在文件夹、设计项目名（decoder）和顶层文件实体名（decoder）。

（4）添加文件。单击 Next 按钮，打开 New Project Wizard：Add Files 对话框。在 File name 中输入 decoder.vhd，然后单击 Add 按钮。

（5）选择仿真器和综合器类型。单击 Next 按钮，打开 New Project Wizard：Family & Devices Settings 对话框，从中选择合适的器件。

（6）结束设置。单击 Finish 按钮，关闭对话框。

2. 编辑与编译

（1）编辑。选择菜单 File→New 命令，打开 New 对话框，在 Design Files 折叠菜单中选择 VHDL File 项，单击 OK 按钮，在打开的文本文件编辑窗口内，按程序清单输入 3—8 译码器 VHDL 源程序。

（2）保存。输入完成后，选择菜单 File→Save Project 命令，保存整个设计项目。

（3）编译。选择菜单 Processing→Start Compilation 命令，启动全程编译。如果设计中存在错误，可以根据 Messages→Processing 窗口所提供的信息进行修改，重新编译，直到没有错误为止。

3. 仿真与测试

（1）选择 Processing→Start Simulation 选项，启动仿真器，仿真状态窗口和仿真报告栏自动出现并更新，信息窗口中会显示相关信息。

（2）根据 EDA 硬件开发平台的具体情况进行引脚锁定，再次编译，生成设计电路的下载文件（.sof）；使用下载电缆将计算机和可编程器件的电路板相连，实现在系统编程；单击 Tools→Programmer 选项，在编程窗口中进行硬件配置。选中下载文件 decoder.sof，单击 Start 按钮，完成编程。

5.4　触发器开发设计

5.4.1 设计任务

设计一个同步 RS 触发器，完成编译、仿真和编程下载。设同步 RS 触发器的时钟信号为 clk，输入信号为 r，s，输出端为 q，qb。其真值表如表 5-3 所示。利用 Quartus Ⅱ 软件开发环境、硬件描述语言（VHDL）编程，用 FPGA 实现。

表 5-3　同步 RS 触发器真值表

clk	s	r	q	qb
1	1	0	0	1
1	0	1	1	0
1	0	0	q	qb
1	1	1	x	x

5.4.2　VHDL 源程序设计

同步 RS 触发器 VHDL 源程序清单：

```
library ieee;
use ieee.std_logic_1164.all;
use ieee.std_logic_arith.all;
use ieee.std_logic_unsigned.all;
entity rscfq is
    port(r,s,clk:in std_logic;
            q,qb:buffer std_logic);
end rscfq;
architecture rs of rscfq is
    signal q_s,qb_s:std_logic;
begin
    process(clk,r,s)
     begin
        if(clk'event and clk='1')then
            if(s='1' and r='0')then
                q_s<='0';
                qb_s<='1';
            elsif(s='0' and r='1')then
                q_s<='1';
                qb_s<='0';
            elsif(s='0' and r='0')then
                q_s<=q_s;
                qb_s<=qb_s;
             endif;
        end if;
        q_s<=q_s;
        qb_s<=qb_s;
    end process;
end rs;
```

5.4.3　功能测试与实现

1. 建立设计项目

（1）建立文件夹作为项目文件夹。

（2）启动 Quartus Ⅱ 。双击桌面上 Quartus Ⅱ 的快捷方式图标。

（3）建立项目。选择菜单 File→New Project Wizard 命令，在打开的 New Project Wizard：Introduction 对话框中单击 Next 按钮，在 New Project Wizard：Directory Name，Top-level Entity 对话框中分别输入项目所在文件夹、设计项目名（rscfq）和顶层文件实体名（rscfq）。

（4）添加文件。单击 Next 按钮，打开 New Project Wizard：Add Files 对话框。在 File name 中输入 decoder.vhd，然后单击 Add 按钮。

（5）选择仿真器和综合器类型。单击 Next 按钮，打开 New Project Wizard：Family & Devices Settings 对话框，从中选择合适的器件。

（6）结束设置。单击 Finish 按钮，关闭对话框。

2. 编辑与编译

（1）编辑。选择菜单 File→New 命令，打开 New 对话框，在 Design Files 折叠菜单中选择 VHDL File 项，单击 OK 按钮，在打开的文本文件编辑窗口内，按程序清单输入 RS 触发器的 VHDL 源程序。

（2）保存。输入完成后，选择菜单 File→Save Project 命令，保存整个设计项目。

（3）编译。选择菜单 Processing→Start Compilation 命令，启动全程编译。如果设计中存在错误，可以根据 Messages→Processing 窗口所提供的信息进行修改，重新编译，直到没有错误为止。

3. 仿真与测试

（1）选择 Processing→Start Simulation 选项，启动仿真器，仿真状态窗口和仿真报告栏自动出现并更新，信息窗口中会显示相关信息。

（2）根据 EDA 硬件开发平台的具体情况进行引脚锁定，再次编译，生成设计电路的下载文件（.sof）；使用下载电缆将计算机和可编程器件的电路板相连，实现在系统编程；单击 Tools→Programmer 选项，在编程窗口中进行硬件配置。选中下载文件 rscfq.sof，单击 Start 按钮，完成编程。

5.5　计数器开发设计

5.5.1　设计任务

设计一个计数器，要求如下：

（1）复位信号为高电平时计数器清零或赋初值。

（2）能使信号为高电平时计数器正常工作。

（3）计数方向控制信号为高电平时按加法规则计数，即来一个时钟计数器加 1，计数器达到最大值时再来一个时钟自动清零；方向控制信号为低电平时按减法规则计数，减到 0 时再来一个时钟计数器恢复最大值。

（4）计数器模数可调。利用 Quartus Ⅱ 软件开发环境、硬件描述语言（VHDL）编程，用 FPGA 实现。

5.5.2　VHDL 源程序设计

根据设计要求可以画出同步计数器的框图，如图 5 - 1 所示。

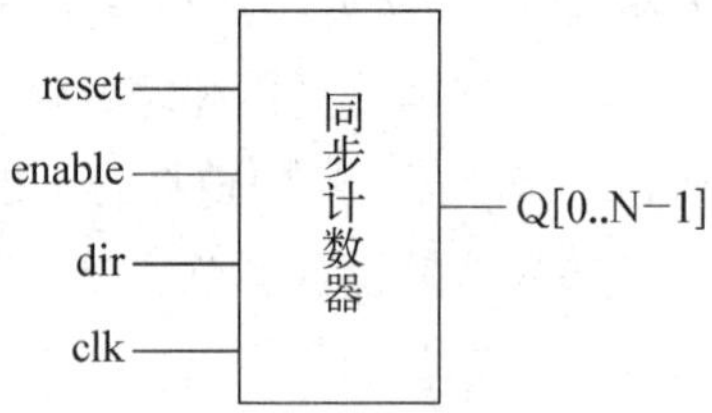

同步计数器的 VHDL 源程序清单：

图 5 - 1　同步计数器

```
use ieee.std_logic_1164.all;
use ieee.std_logic_arith.all;
use ieee.std_logic_unsigned.all;
entity counter is
    generic(n:integer:=10);          --n 暂定为 10,修改 n 的值可改变计数器的模
     port
     (
    clk,dir:in std_logic;
    reset:in std_logic;
    enable:in std_logic;
    q:out integer range 0 to n-1;
     );
end entity;


architecture jsq of counter is
begin
    process(clk)
        variable cnt:integer range 0 to n-1;      --定义中间变量暂存计数值
        begin
            if reset='1' then
                cnt:=0;                  --赋初值 0,把 0 改为其他数可改变计数器的初值
            elsif enable='1' then              --enable=0 时计数器停止计数
                if(clk'event and clk='1')then   --把 1 改为 0 则变成下降沿计数
                    if dir='1' then             --dir=1 做加法计数
                        if(cnt:<n-1)then
                            cnt:=cnt+1;         --变量代入,立即生效
                        else
```

```
                       cnt:=0;
                   end if;
            else                                  --dir=0 做减法计数
             if( cnt>0) then
                   cnt:=cnt-1;
            else
            cnt:=n-1;
            end if;
          end if;
         end if;
        end if;
      q<=cnt;                                     --把变量 cnt 中计数值带出进程,送到输出
端口
     end process;
   end jsq;
```

5.5.3   功能测试与实现

1. 建立设计项目

对计数器 VHDL 程序进行编译与仿真,由于 n=10,当 dir 为高电平时,counter 是一个同步十进制加法计数器;当 dir=0 时,counter 是一个同步十进制减法计数器。当 enable=1 时计数器正常计数,当 enable=0 时计数器停止工作。

如果要设计其他进制的同步计数器,只要修改 GENERIC 类属变量 N 的值即可。例如,设计八进制计数器时,令 n=8;设计十六进制计数器时,令 n=16。如果需要对输入脉冲下降沿计数,只要将 if(clk'event and clk='1') then 语句中的 '1' 改为 '0' 即可;如果需要对计数器赋初值,只要将 if reset='1' then cnt:=0 中的 "0" 改为计数器的初值即可。

2. 编程测试与结果分析

仿真通过后将生成的.sof 或.pof 格式的数据文件下载到 FPGA 芯片,进行功能和性能测试,并对结果进行分析,以验证系统是否达到设计要求。如果在此之前没有选择器件并配置引脚,还要选择器件、分配引脚,然后重新编译。

5.6   分频器开发设计

5.6.1   设计任务

设计一个分频系数和占空比为可调的分频器。分频器的参数主要有分频系数和占空比。分频系数等于输入信号频率与输出信号频率的比值;占空比等于输出脉冲持续高电平的时间与信号周期的比值。利用 Quartus II 软件开发环境、硬件描述语言(VHDL)编程,用 FPGA 实现。

5.6.2 VHDL 源程序开发设计

设计一个分频系数为 n,占空比为 m:n 的分频器,相当于设计一个模数为分频系数 n 的计数器对输入时钟脉冲计数,当计数值为 0~m-1 时输出高电平;计数值为 m~n-1 时输出低电平。

分频系数为 n,占空比为 m:n 的分频器的 VHDL 程序清单:

```vhdl
use ieee.std_logic_1164.all;
use ieee.std_logic_arith.all;
use ieee.std_logic_unsigned.all;
entity fpq is
    generic(
                n:integer:=10;
                m:integer:=3;
                );        -- 分频系数 n,占空比 m:n,设 n 为正整数,m<n
    port(
            clkin:in std_logic;
            clkout:in std_logic;
        );
    end fpq;


architecture fd of fpq is
        signal cnt:integer 0 to n-1;                    --定义中间信号
begin
    process (clkin)
        begin
        if (clkin'enevt and clkin = '1') then           --模 n 加法计数
            if (cnt<n-1) then
                    cnt:=cnt+1;
                else
                        cnt:=0;
                end if;
```

```
        end if;
    end process;
    clkout<='1' when cnt<m else '0';    --cnt<m 时输出高电平,否则输出低电平
end fd;
```

5.6.3　功能测试与实现

（1）修改程序 fpq 中 GENERIC 类属变量 m 和 n 的值,即可得到不同分频系数和占空比的分频器。

（2）仿真通过后将生成的.sof 或.pof 格式的数据文件下载到 FPGA 芯片或串行配置器件中,进行功能和性能测试,并对结果进行分析,以验证系统是否达到设计要求。如果在此之前没有选择器件并配置引脚,还要选择器件、分配引脚,然后重新编译。设计可使用 Altera 公司的 CYCLONE Ⅱ 2C35 FPGA,在 DE2 开发板上验证。

5.7　加法器开发设计

5.7.1　设计任务

加法器是组合逻辑电路中的一种,具有算术运算功能,包括半加器、全加器和多位全加器。以全加器电路的设计为例,其真值表如表 5-4 所示,a 是加数,b 是被加数,d 是输入的低位进位信号,h 是输出和数,g 是输出的进位信号。

5.7.2　VHDL 源程序开发设计

全加器的 VHDL 程序程序清单:

```
library ieee;
use ieee.std_1164.all;
use ieee.std_unsigned.all;
entity jfq is
port(a,b,d:in std_logic;
        h,g:out std_logic);
end entity jfq;
architecture qjf of jfq is
begin
    h<=a xor b xor d;
    g<=(a and b)or(a and d)or(b and d);
```

表 5-4　全加器真值表

输入			输出	
a	b	d	h	g
0	0	0	0	0
0	0	1	1	0
0	1	0	1	0
0	1	1	0	1
1	0	0	1	0
1	0	1	0	1
1	1	0	0	1
1	1	1	1	1

end qjq；

5.7.3　功能测试与实现

（1）启动 Quartus Ⅱ 开发环境，执行 Fil→New Project Wizard 命令，新建工程，指定工程目录名为"…\qjq"，工程名为（jfaq），顶层实体名为（jfq）。

（2）执行 File→New 命令，向当前工程中添加 VHDL 文件，在文本编辑区输入全加器程序源代码，并以 jfq.v 为文件名保存到工程文件夹根目录下。

（3）执行 Processing→Start Compilation 命令或单击和图标开始编译。如果编译报错，可根据错误提示重新检查并修改程序，直到编译成功。

（4）选择 Processing→Start Simulation 选项，启动仿真器，仿真状态窗口和仿真报告栏自动出现并更新，信息窗口中会显示相关信息。

（5）根据 EDA 硬件开发平台的具体情况进行引脚锁定，再次编译，生成设计电路的下载文件（.sof）；使用下载电缆将计算机和可编程器件的电路板相连，实现在系统编程；单击 Tools→Programmer 选项，在编程窗口中进行硬件配置。选中下载文件 jfq.sof，单击 Start 按钮，完成编程。

（6）生成波形图。在 Wave 窗口中设置合适仿真时间长度，单击图标虚拟仿真，即可得到全加器仿真波形图。

5.8　乘法器开发设计

5.8.1　设计任务

实现硬件乘法运算器的方法有移位相加、查找表、加法器树、逻辑树、混合乘法器等，本设计实现移位相加乘法器。

移位相加乘法器的设计思想就是根据乘数的每一位是否为 1 进行计算，若为 1 则将被乘数移位相加。以 8 位移位相加乘法器为例，其实现过程为：先对乘数的最低位进行判断是否为 1。如果为 1，则把被乘数相加，然后被乘数向高位移 1 位，乘数向低位移 1 位；如果为 0，则被乘数不相加而仍然向高位移 1 位，乘数向低位移 1 位。如此循环判断 8 次，结束运算。本设计为 8 位乘法器。

5.8.2　VHDL 源程序开发设计

乘法器的 VHDL 源代码程序清单：

```
use ieee.std_logic_1164.all；
use ieee.std_logic_arith.all；
use ieee.std_logic_unsigned.all；
```

```vhdl
entity mult_8 is
    port( product: out std_logic_vector( 15 downto 0) ;
                a: in std_logic_vector( 7 downto 0) ;
                b: in std_logic_vector( 7 downto 0) ;
            rst: in std_logic ;
            clk: in std_logic) ;
end mult_8 ;
    architecture mult_8 of mult_8 is
    signal b_tmp: std_logic_vector( 7 downto 0) ;          --用于记录乘数
    signal a_tmp: std_logic_vector( 15 downto 0) ;         --用于记录被乘数
    signal prod_tmp: std_logic_vector( 15 downto 0) ;      --用于记录乘积
begin
    process( a, b, clk, rst)
    begin
        if rst = '1' then                                 --异步复位
            product<=( others = >'0') ;                   --输出清零
            a_tmp<= "00000000 " & a ;                     --寄存 a
            b_tmp<= b ;                                   --寄存 b
            prod_tmp<= '0000000000000000' ;               --寄存器清零
        elsif( clk'event and clk = '1') then
        if   b_tmp( 0) = '1 ' then
            prod_tmp<= prod_tmp+a_tmp ;                   --逐位累加
        end if ;
            b_tmp<= '0' &b_tmp( 7 downto 1) ;
            a_tmp( 15 downto 0) <= a_tmp( 14 downto 0) &'0' ;   --向高位移位
        end if ;
        product<= prod_tmp ;                              --输出运算结果
        end process ;
    end mult_8 ;
```

5.8.3 功能测试与实现

1. 建立设计项目

（1）建立文件夹作为项目文件夹。

（2）启动 Quartus Ⅱ。双击桌面上 Quartus Ⅱ 的快捷方式图标。

（3）建立项目。选择菜单 File→New Project Wizard 命令，在打开的 New Project Wizard：Introduction 对话框中单击 Next 按钮，在 New Project Wizard：Directory Name，Top—level Entity 对话框中分别输入项目所在文件夹、设计项目名（mult_8）和顶层文件实体名（mult_8）。

（4）添加文件。单击 Next 按钮，打开 New Project Wizard：Add Files 对话框。在 File name 中输入 mult_8.vhd，然后单击 Add 按钮。

（5）选择仿真器和综合器类型。单击 Next 按钮，打开 New Project Wizard：Family & Devices Settings 对话框，从中选择合适的器件。

（6）结束设置。单击 Finish 按钮，关闭对话框。

2. 编辑与编译

（1）编辑。选择菜单 File→New 命令，打开 New 对话框，在 Design Files 折叠菜单中选择 VHDL File 项，单击 OK 按钮，在打开的文本文件编辑窗口内，按程序清单输入乘法器的 VHDL 源程序。

（2）保存。输入完成后，选择菜单 File→Save Project 命令，保存整个设计项目。

（3）编译。选择菜单 Processing→Start Compilation 命令，启动全程编译。如果设计中存在错误，可以根据 Messages→Processing 窗口所提供的信息进行修改，重新编译，直到没有错误为止。

3. 仿真与测试

（1）选择 Processing→Start Simulation 选项，启动仿真器，仿真状态窗口和仿真报告栏自动出现并更新，信息窗口中会显示相关信息。

（2）根据 EDA 硬件开发平台的具体情况进行引脚锁定，再次编译，生成设计电路的下载文件（.sof）；使用下载电缆将计算机和可编程器件的电路板相连，实现在系统编程；单击 Tools→Programmer 选项，在编程窗口中进行硬件配置。选中下载文件 mult_8.sof，单击 Start 按钮，完成编程。

5.9　比较器开发设计

5.9.1　设计任务

在许多数字电路中，经常需要把两个一位或多位二进制数据进行比较，然后将结果输出，这就需要比较器来完成这个功能。比较的结果有大于、小于和等于这三种。每次比较的结果只会有其中一种结果，输出为真。比较器的应用十分广泛，在电子系统中都有很多的应用，如温度控制、湿度控制、火警预报器和电梯超载控制器等。图 5-2 所示为 8 位比较器的逻辑电路图，表 5-5 所列为 8 位比较器真值表。

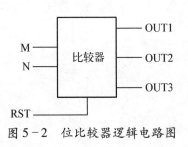

图 5－2　位比较器逻辑电路图

表 5－5　　　8 位比较器真值表

输入	输出		
M 和 N	OUT1	OUT2	OUT3
M>N	1	0	0
M＝N	0	1	0
M<N	0	0	1

如图 5－2 所示,8 位比较器有两个 8 位比较数据输入端 M 和 N,三个比较结果输出端 OUT1,OUT2,OUT3。另外,为了避免前一次的比较结果影响当前的比较结果,比较器输入端还加入了复位清零输入以及相应的时钟信号输入端。在每一次比较之后,都要通过 RST 的高电平来复位清零一次。

由电路图和真值表可以看出,将两个 8 位比较器输入数据进行比较,当 M>N 时,比较器输出 OUT1 为 1,其他都为 0;当 M＝N 时,OUT2 输出为 1,其他都为 0;当 M<N 时,OUT3 输出为 1,其他都为 0。

5.9.2　VHDL 源程序开发设计

比较器 VHDL 源程序清单为:

```
use ieee.std_logic_1164.all;
use ieee.std_logic_arith.all;
use ieee.std_logic_unsigned.all;
entity comp is
  port(m:in std_logic_vector(7 downto 0)
       n:in std_logic_vector(7 downto 0)
    rst:in std_logic;
    clk:in std_logic;
    out1:out std_logic;
    out2:out std_logic;
    out3:out std_logic);
end comp;
architecture a1 of comp is
begin
    process(rst,clk)
```

```
begin
if( rst = '1') then
    out1<= '0';
    out2<= '0';
    out3<= '0';
elsif( clk'event and clk = '1') then
if( m>n) then
    out1<= '1';
    out2<= '0';
    out3<= '0';
elsif ( m=n) then
    out1<= '0';
    out2<= '1';
    out3<= '0';
else
    out1<= '0';
    out2<= '0';
    out3<= '1';
end if;
end if;
end process;
end a1;
```

5.9.3　功能测试与实现

（1）启动 Quartus Ⅱ 开发环境，执行 File→New Project Wizard 命令，新建工程，指定工程目录名为"...\datacompare"，工程名为(comp)，顶层实体名为(comp)。

（2）执行 File→New 命令，向当前工程中添加 VHDL 文件，在文本编辑区输入数值比较器源代码，并以 comp.v 为文件名保存到工程文件夹根目录下。

（3）执行 Processing→Start Compilation 命令或单击图标开始编译。如果编译报错，可根据错误提示重新检查并修改程序，直到编译成功。

（4）"添加文件"对话框中，单击 Browse 按钮，选定被测模块 comp.v 文件，单击 OK 按钮，添加到工程 comp_test 中。

（5）编译工程。单击 Library，打开 Library 子窗口，弹出的快捷菜单中选择 Recompile 选项，完成编译。

（6）进行仿真。右击 Library 子窗口中 work 下的 comp_test，在弹出的快捷菜单中选择 Simulate 选项进行仿真。

（7）生成波形图。在 Wave 窗口中设置合适仿真时间长度，单击图标虚拟仿真，即可得到数值比较器仿真波形图。

可编程逻辑器件单元电路开发设计

基本任务：

（1）基于硬件描述语言 Verilog HDL，设计串行通信接口电路、矩阵键盘接口控制电路、LCD 显示器控制电路、模数转换器控制电路、数模转换器控制电路等单元电路 FPGA 实现的程序。

（2）通过 Quartus II 应用软件和开发环境配套软件，通过建立设计项目、编辑编译调试程序、分配器件引脚、进行电路功能仿真测试，应用 FPGA 实现电路功能。

（3）进一步掌握硬件描述语言 Verilog HDL 的程序设计方法和技巧，掌握开发设计应用软件 Quartus II 的操作和开发设计环境配套软件的操作。

（4）明确项目中每个电路的具体设计任务，按要求完成。

6.1 串行通信接口电路设计

6.1.1 设计任务

设计 FPGA 系统与计算机机或外围器件的串行通信（UART）接口电路，电路由发送器和接收器两部分组成。接收器接收另一个 UART 发送过来的串行数据，存放在数据寄存器中，等待数据总线取走；发送器将数据寄存器中的数据转换成串行数据发送出去。电路端口说明如表 6-1 所示。

表 6-1 UART 接口

信 号 名	输入输出类型	位数	描 述
Clk	input	1	时钟信号
Rst	input	1	复位信号
tx_data	input	8	待发送数据
tx_data_valid	input	1	高电平表示待发送数据准备好
tx_data_ack	output	1	高电平表示待发送数据已发送

续表

信 号 名	输入输出类型	位数	描　　述
txd	output	1	发送串行数据端口
rx_data	output	8	已接收数据
rx_data_flesh	output	1	高电平表示接收到新的数据
rxd	input	1	接收串行数据端口

串行通信(UART)基本协议和通信过程是:采用异步通信方式,通信的双方有各自单独的时钟,传输数据的速率需要双方约定;由低电平表示传输的开始,高电平表示传输结束,中间可传输 8 bits 的数据和 1 比特的奇偶校验位,奇偶校验位的有无由通信双方约定;发送端在空闲状态下一直保持发送高电平,发送数据是先发送一个低电平,然后发送 8 bits 数据,之后马上发送一个高电平,完成一帧数据的传输;接收端接收到低电平开始计数,然后接收 8 bits 的信息,若接收完 8 bits 信息后检测到高电平表示已完成一帧数据的接收,否则就将已经接收的数据放弃,继续等待开始信号。

6.1.2   Verilog HDL 程序开发设计

1. 发送器 Verilog HDL 程序开发设计

发送器由时钟计数模块、控制逻辑和寄存器组成,时钟计数模块根据设定的波特率产生控制信号,控制逻辑根据该控制信号和通信协议将数据寄存器中的的数据放到移位寄存器中发送出去。

1) 波特率产生

移位寄存器{1 位终止位,8 位数据,1 位起始位,1 位空闲状态},11 位数据通过右移或不变就可以表示出传输过程中的所有状态;时钟计数模块为对时钟计数,当计数值 tick_cnt 由 0 达到 BAUD_DIVISOR－1 将 tick_now 置 1,表示一个比特数据发送完毕,下一比特数据开始传输,移位寄存器右移一位。程序清单为:

```
parameter BAUD_DIVISOR = 868 ;
reg[ 10:0] tx_shift;
always@( posedge clk) begin
    if( rst) begin
        tick_cnt<= 0;
        tick_now<= 1'b0;
        end
    else if( tick_cnt = = ( BAUD_DIVISOR−1) ) begin
```

```
            tick_cnt<=0;
            tick_now<=1'bl;
        end
    else begin
        tick_now<=1'b0;
        tick_cnt<=tick_cnt+1'bl;
        end
    end
```

2) 控制逻辑

对移位寄存器 tx_shift[10:1]进行同或运算,如果为真将 ready 信号置高,表示数据已经发送完毕可以发送下一个数据,在 ready 信号为高并且外部数据准备好(即 tx_data_valid 为高)时,将数据寄存器中的数据放到移位寄存器中,并将 tx_data_ack 置高,表示数据寄存器中的数据已经取走,可以发送新的数据;ready 置低,表示移位寄存器正在进行发送工作。在 ready 为低并且 tick_now 为高时将移位寄存器右移,最低位放串行输出端。程序清单为:

```
    reg ready;
    always@(posedge clk)begin
    if(rst)begin
        tx_shift<={11'b00000000001};
        ready<=1'bl;
        end
    else begin
        if(! ready&tick_now)
        begin
        tx_shift<={1'b0,tx_shift[10:1]};
        tx_data_ack<=1'b0;
        ready<=~|tx_shift[10:1];
        end
    else if(ready&tx_data_valid)begin
        tx_shift[10:1]<={1'bl,tx_data,1'b0};
        tx_data_ack<=1'b1;
        ready<=1'b0;
        end
    else begin
```

```
                tx_data_ack<=1'b0;
                ready<= ~ |tx_shift[10:1];
            end
        end
    end
    assign txd=tx_shift[0];
end
```

2. 接收器 Verilog HDL 程序开发设计

接收器由时钟计数模块、控制逻辑和寄存器组成。时钟计数模块根据设定的波特率产生控制信号,控制逻辑根据该控制信号和通信协议将串行端口的数据采样放到移位寄存器,等待数据总线将移位寄存器中的数据取走。由于接收器与发射器的时钟不同步,接收器要处理时钟偏差给接收带来的误差,同时接收器要时刻处于工作状态,检测串行总线上的起始信号并判定接收数据的正确性。程序清单为:

1) 初始状态

检测串行端口上的数据变化,发生变化 slew 置 1;主体程序清单为:

```
reg last_rxd;
always@(posedge clk)begin
    last_rxd<=rxd;
end
wire slew=rxd^last_rxd;
```

2) 时钟计数模块

当 tick_cnt 由 0 计数到 BAUD_DIVISOR/2 将 tick_now 置 1 对串行数据采样;当 tick_cnt 计数到 BAUD_DIVISOR - 1,表示 1 个比特数据接收完成,下一个比特接收开始,将 tick_cnt 清零,重新开始计数,当 slew 为 1,表示串行数据发生了变化,也就是一个比特数据的开始,也将 tick_cnt 清零,从而防止由于异步时钟导致的累计误差造成采样错误。主体程序清单为:

```
//时钟模块
    always@(posedge clk)
        begin
            if(rst)begin
                tick_cnt<=0;
                tick_now<=1'b0;
            end
            else if(tick_cnt==(BAUD_DIVISOR-1)||slew)
```

```
        begin
          tick_cnt<=0;
        end
    else if(tick_cnt==(BAUD_DIVISOR/2))
        begin
          tick_now<=1'b1;
          tick_cnt<=tick_cnt+1'b1;
        end
    else
        begin
          tick_now<=1'b0;
          tick_cnt<=tick_cnt+1'b1;
        end
end
//串行数据采样
reg[1:0] state;
reg[3:0] held_bits;
parameter IDLE=2'b00,RECEIVING=2'b01,STOP=2'b10,RECOVER=2'b11;
always@(posedge clk) begin
if(rst)begin
      state<=IDLE;
      held_bits<=0;
      rx_shift<=0;
      rx_data_fresh<=1'b0;
      rx_data<=0;
    end
else begin
    rx_data_fresh<=1'b0;
    case(state)
    IDLE:begin
//等待开始位
    if(! slew&tick_now&&! last_rxd)begin
    state<=RECEIVING;
      held_bits<=0;
```

```
            end
    end
    RECEIVING:begin
    end
    //采样串行数据
    if(tick_now)begin
    rx_shift<={last_rxd,rx_shift[7:1]);
    held_bits<=held_bits+1'bl;
    if(held_bits==4'h7) state<=STOP;
    end
    STOP:begin
    //检测停止位是否正确
    if(tick_now)begin
        if(last_rxd)begin
            rx_data<=rx_shift;
            rx_data_fresh<=1'bl;
            state<=IDLE;
        end
    else begin
        //停止位错误
        state<=RECOVER;
        end
        end
        end
    RECOVER:begin
    //等待下一个采样周期检测串行总线,如果为高转到 IDLE 状态
    if(tick_now)begin
    if(last_rxd)state<=IDLE;
    end
    end
    endcase
        end
end
```

6.1.3 基于 FPGA 的实现

如图 6-1 所示是串行通信接口硬件测试方案的结构图,在 FPGA 内部编写一个控制器对 UART 的传输进行控制,外部连接 ADM3202 芯片,它是 UART 通信协议物理层实现芯片,用来将串行数字信号转换为适合在电缆上传输的模拟信号。测试的过程中计算机(PC)通过串口调试助手不断发送数据到 FPGA,FPGA 通过控制器将接收到的数据,然后通过 UART 发送出去,在计算机机上对接受与发送的数据进行对比,可以验证 UART 设计的正确性。

应用 Quartus Ⅱ 软件和开发环境配套软件的测试步骤与实现过程,参考后续项目设计中的其他电路设计。

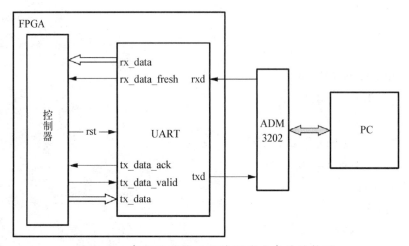

图 6-1　串行通信接口硬件测试方案的结构图

6.2　矩阵键盘接口控制电路设计

6.2.1　设计任务

设计一个矩阵键盘接口控制电路。矩阵键盘的原理图如图 6-2 所示。

工作过程为:把每个键都分成水平和垂直的两端接入,分别与 keyin 和 keyout 相连,keyin 和 keyout 接 FPGA 引脚。FPGA 第一次向 keyout 端送入 0111,0111 是代表此时扫描第一行,若此时有按键按下,假设第一行的第三列按键被按下,那 keyin 端读取的结果就会变成 1101,这是因为这个按键被按下之后,会被 keyout 的电位短路,而把 keyout 端读取的电位拉到 0,FPGA 读回 keyin 的值,这样,被按下的行和列都能确定,就能判定是哪个键被按下。如果第一行没有按键按下,第二次向 keyout 送 1011,再做第二行的判定。第三次是 1101,第四次是 1110,依次循环,找到是哪个按键被按下。矩阵键盘扫描流程图如图 6-3 所示,矩阵键盘接口控制模块符号如图 6-4 所示。

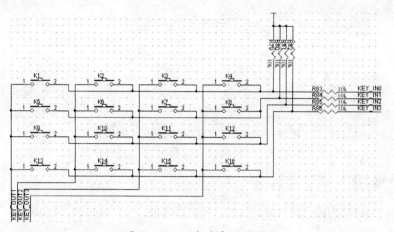

图6-2　矩阵键盘原理图

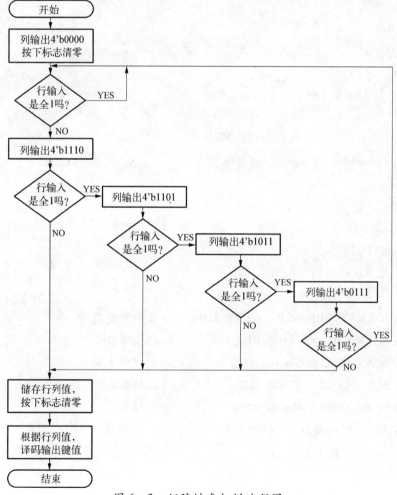

图6-3　矩阵键盘扫描流程图

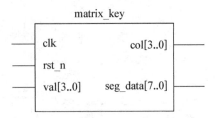

图 6-4　矩阵键盘接口控制模块符号

6.2.2　Verilog HDL 程序开发设计

Verilog HDL 程序清单:

```
module matrix_Key(
input clk,
input rst_n,
input [3:0] val,
output reg[3:0] col,
output reg[7:0] seg_data
);
reg [19:0] cnt;
always @ (posedge clk,negedge rst_n)
if(! rst_n)
    cnt<=0;
else
    cnt<=cnt+1'b1;
wire key_clk =cnt[19];
```

```
parameter NO_KEY_PRESSED= 6'b000_001;    //没有按键按下
parameter SCAN_COL0= 6'b000_010;         //扫描第 0 列
parameter SCAN_COL1= 6'b000_100;         //扫描第 1 列
parameter SCAN_COL2= 6'b001_000;         //扫描第 2 列
parameter SCAN_COL3= 6'b010_000;         //扫描第 3 列
parameter KEY_PRESSED= 6'b100_000;       //有按键按下
reg [5:0] current_state,next_state;      //现态、次态
```

```
always @ (posedge key_clk,negedge rst_n)
```

```verilog
if（！rst_n）
  current state<=NO_KEY_PRESSED；
else
  current_state<=next_state；

always @  *
case（current_state）
NO_KEY_PRESSED：                        //没有按键按下
if（val！=4'hF)
  next_ state = SCAN_COL0；
else
  next_state = NO_KEY_PRESSED；
SCAN_COL0：                             //扫描第 0 列
if（val！=4'hF)
  next_state = KEY_PRESSED；
else
  next state = SCAN_COL1；
SCAN_COL1：                             //扫描第 1 列
if（val！=4'hF)
  next_state = KEY_PRESSED；
else
  next_state = SCAN_COL2；
SCAN_COL2：                             //扫描第 2 列
if（val！=4'hF)
  next_state = KEY_PRESSED；
else
  next_state = SCAN_COL3；
  SCAN_COL3：                           //扫描第 3 列
if（val！=4'hF)
  next_state = KEY_PRESSED；
else
  next_state = NO_KEY PRESSED；
KEY_PRESSED：                           //有按键按下
if（val！=4'hF)
```

```verilog
            next_state = KEY_PRESSED;
        else
        next_state = NO_KEY_PRESSED;
        endcase
        reg key_pressed_flag;                    //键盘按下标志
        reg [3:0] col_val,row_val;               //列值、行值

        always @ (posedge key_clk,negedge rst_n)
        if (! rst_n)
            begin
                col<=4'h0;
                key_pressed_flag <=0;
            end
        else
          case (next_state)
            NO_KEY_PRESSED :                      //没有按键按下
                begin
                 col <=4'h0;
                 key_pressed_flag <=0;            //清键盘按下标志
                end
        SCAN_COL0 :                               //扫描第 0 列
                col <=4'b1110;
        SCAN_COL1 :                               //扫描第 1 列
                col <=4'b1101;
        SCAN_COL2 :                               //扫描第 2 列
                col <=4'b1011;
        SCAN_COL3 :                               //扫描第 3 列
                col <=4'b0111;
        KEY_PRESSED :                             //有按键按下
          begin
                col_val <=col;                    //锁存列值
                row_val <=val;                    //锁存行值
                key_pressed_flag <=1;             //置键盘按下标志
          end
```

```
endcase
```
//输出键值
```
        always @（posedge_key clk，negedge rst_n）
if（！rst_n）
    8'h0；
else
if（key_pressed_flag）
    seg_data<={col_val，row_val}；
endmodule
```

6.2.3　基于 FPGA 的实现

1. 编辑调试模块代码

（1）启动 Quartus Ⅱ 开发环境，执行 File→New Project Wizard 命令，新建工程，依据向导提示指定工程目录名为"…\matrix_Key"，工程名为（matrix_Key），顶层实体名为（matrix_Key），指定目标芯片为 EP2C35F672C8。

（2）执行 File→New 命令，向当前工程中添加 Verilog HDL 文件，在文本编辑区输入"矩阵键盘控制"模块源代码，并以 matrix_Key.v 为文件名保存到工程文件夹根目录下。

（3）执行 Processing→Start Compilation 命令开始编译。如果编译报错，可根据错误提示重新检查并修改程序，直到编译成功。

2. 分配引脚

（1）新建 tcl 脚本文件。执行 File→New 命令，在弹出的对话框中选择 Design Files→Tcl Script Files 选项后，单击 OK 按钮，然后在文本编辑区输入引脚分配描述脚本，检查无误后单击图标并以 matrix_Key.tcl 为文件名保存该脚本文件。

（2）Run tcl 文件。在 Quartus Ⅱ 主界面执行 Tools→Tcl Scripts 命令。在弹出的 Tcl Scripts 对话框选中刚才新建的 matrix_Key.tcl 脚本文件，然后单击 Run 按钮，分配成功后，在弹出 Quartus Ⅱ 提示框中单击 OK 按钮关闭提示框，返回 Tcl Scripts 对话框后单击 OK 按钮完成引脚分配。

3. 配置

在 Quartus Ⅱ 主界面执行 Assignments→Devices 命令，在弹出 Devices 配置对话框中单击 Device and Pin Options 按钮，然后在弹出"目标芯片属性"对话框的左侧选择 Configuration 选项，然后在该对话框右侧 Use configuration device：栏的下拉菜单中选择 EPCS16 选项，单击 OK 按钮完成配置。

4. 编译

在 Quartus Ⅱ 主界面执行 Processing→Start Compilation 命令开始编译。如果编译报错，可根

据错误提示重新检查引脚分配或目标芯片设置,直到编译成功。

5. 下载

（1）硬件连接。先把下载器接口一端与测试平台的 JTAG 接口相连,另一端经 USB 数据线与计算机相连,检查无误后给实验板供上电。

（2）选择下载硬件。在 QuartusⅡ主界面执行 Tools→Programmer 命令或单击图标,在弹出 Programmer 对话框的左上角单击 Hardware Setup 按钮,然后在弹出"下载硬件设置"对话框的 Currently selected hardware:栏中的下拉菜单中选择 USB-Blaster[USB-0]选项,然后单击 Close 按钮关闭对话框完成下载硬件设置。

（3）下载。在 Programmer 对话框中,首先选中 Mode 栏下拉菜单的 JTAG 选项,然后单击 Add File 按钮导入 matrix_Key.sof 文件,在确认 Program/Configure 栏目打√后,单击 Start 按钮,完成下载。下载成功后,根据设计任务检查项目效果。

6.3　LCD 显示器控制电路设计

6.3.1　设计任务

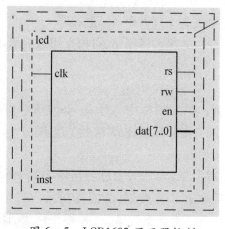

图 6－5　LCD1602 显示器控制
电路模块符号

设计一个 LCD1602 显示器控制电路,使显示器显示"Hello world";分配 I/O 引脚,编程下载并观察电路效果。

液晶芯片内置了 DDRAM,用来寄存待显示的字符代码。以显示字幕"A"为例,如果要在 LCD1602 屏幕的第一行第一列显示一个"A"字,就要向 DDRAM 的 00H 地址写入"A"字的代码。具体的写入是要按 LCD 模块的指令格式来进行的,一行可有 40 个地址;LCD1602 中用前 16 个,第二行也用前 16 个地址。ASCⅡ中"A"字的代码是 41H,需要在 LCD1602 屏幕的第一行第一列显示一个"A"字,则向 DDRAM 的 00H 地址写入"A"字的代码 41H。LCD1602 控制器模块符号如图 6－5 所示。

6.3.2　Verilog HDL 程序开发设计

Verilog HDL 程序清单:

case(counter)

        1:dat='h38;　　//写指令 38H:显示模式设置

```
        2:dat = 'h08;      //写指令08H:显示关闭
        3:dat = 'h01;      //写指令01H:显示清屏
        4:dat = 'h06;      //写指令06H:显示光标移动设置
        5:dat = 'h0c;      //写指令0cH:显示开及光标设置
            begin
                dat = 'hc0;
                state = write_data;
                counter = 0;
            end
        default:counter = 0;
endcase


module lcd_1602(clk, rs, rw, en, dat)
      input  clk;
      ouput  rs, rw, en;
      out    [7:0] dat;
      wire   en;
      reg    [7:0] dat;
      reg    [3:0] counter;
      reg    [1:0] state;
      reg    [15:0] count;
      reg    clkr;
      parameter init = 0, write_data = 1;

      assign en = clkr;
        //LCD1602 时钟输出
      always @(posedge clk)
        begin
            count = count+1;
            if(count == 16'h000f)
            clkr = ~clkr;
        end
      always @ (posedge clkr)
        begin
```

```
case(state)
    init:
        begin
        rs = 0;rw = 0;
        counter = counter+1;
        case(counter)
            1:dat = 'h38;
            2:dat = 'h08;
            3:dat = 'h01;
            4:dat = 'h06;
            5:dat = 'h0c;
                begin
                    dat = 'hc0;
                    state = write_data;
                    counter = 0;
                end
            default: counter = 0;
        endcase
        end
    write_data:
        begin
            rs = 1;
            case(counter)
                0:dat = "H";
                1:dat = "e";
                2:dat = "l";
                3:dat = "l";
                4:dat = "o";
                5:dat = " ";
                6:dat = "w";
                7:dat = "o";
                8:dat = "r";
                9:dat = "l";
                10:dat = "d";
```

```
                                11:dat="!";
                                12:
                                begin
                                  rs=0;dat='hc0;
                                end
                                default: counter=0;
                        endcase
                        if(counter==12)
                        counter=0;
                        else
                            counter=counter+1;
                            end
                        default: state=init;
                    endcase
                end
            endmoudle
```

6.3.3　基于 FPGA 的实现

1. 编辑调试模块代码

（1）启动 Quartus Ⅱ 开发环境，执行 File→New Project Wizard 命令，新建工程，依据向导提示指定工程目录名为"…\lcd_1602"，工程名为（lcd_1602），顶层实体名为（lcd_1602），指定目标芯片为 EP2C35F672C8。

（2）执行 File→New 命令，向当前工程中添加 Verilog HDL 文件，在文本编辑区输入"LCDl602 显示控制"源代码，并以 lcd_1602.v 为文件名保存到工程文件夹根目录下。

（3）执行 Processing→Start Compilation 命令开始编译。如果编译报错，可根据错误提示重新检查并修改程序，直到编译成功。

2. 分配引脚

（1）新建 tcl 脚本文件。执行 File→New 命令或单击图标，在弹出的对话框中选择 Design Files→Tcl Script Files 选项后，单击 OK 按钮，然后在文本编辑区输入引脚分配描述脚本，检查无误后单击图标并以 lcd_1602.tcl 为文件名保存该脚本文件。

（2）Run tcl 文件。在 Quartus Ⅱ 主界面执行 Tools→Tcl Scripts 命令。在弹出的 Tcl Scripts 对话框选中刚才新建的 lcd_1602.tcl 脚本文件，然后单击 Run 按钮，分配成功后，在弹出 Quartus Ⅱ 提示框中单击 OK 按钮关闭提示框，返回 Tcl Scripts 对话框后单击 OK 按钮完成引脚分配。

3. 配置

在 Quartus Ⅱ 主界面执行 Assignments→Devices 命令,在弹出 Devices 配置对话框中单击 Device and Pin Options 按钮,然后在弹出"目标芯片属性"对话框的左侧选择 Configuration 选项,然后在该对话框右侧 Use configuration device:栏的下拉菜单中选 EPCSl6 选项,单击 OK 按钮完成配置。

4. 编译

在 Quartus Ⅱ 主界面执行 Processing→Start Compilation 命令开始编译。如果编译报错,可根据错误提示重新检查引脚分配或目标芯片设置,直到编译成功。

5. 下载

(1)硬件连接。先把下载器接口一端与测试平台的 JTAG 接口相连,另一端经 USB 数据线与。计算机相连,检查无误后给实验板供上电。

(2)选择下载硬件。在 Quartus Ⅱ 主界面执行 Tools→Programmer 命令,在弹出 Programma 对话框的左上角单击 Hardware Setup 按钮,然后在弹出"下载硬件设置"对话框 Currently selected hardware:栏中的下拉菜单中选择 USB-Blaster[USB-0]选项,然后单击 Close 按钮关闭对话框,完成下载硬件设置。

(3)下载。在 Programmer 对话框中,首先选中 Mode 栏下拉菜单的 JTAG 选项,然后单击 Add File 按钮导入 lcd_1602.sof 文件,在确认 Program/Configure 栏目打√后,单击 Start 按钮,完成下载。下载成功后,根据设计任务检查项目效果。

6.4 模数转换器控制电路设计

6.4.1 设计任务

1. 设计要求

设计一个 ADC0809 模数转换器控制电路,实现模拟输入电压信号经 ADC0809 转换为数字信号后,输出 8 路电平控制 8 个 LED 灯亮灭;分配 I/O 引脚,编程下载并观察电路效果。

2. 设计方案

1)ADC0809 模数转换器的功能

ADC0809 是带有 8 位 A/D 转换器、8 路多路开关以及微处理机兼容的控制逻辑的 CMOS 组件。ADC0809 引脚功能如表 6-2 所列,主要功能为:

表 6-2   ADC0809 各引脚功能

引 脚	功 能 说 明	引 脚	功 能 说 明
D7~D0	8 位数字量输出	V_{CC}	电源输入线
IN7~IN0	8 位模拟量输入	GND	地

引　脚	功能说明	引　脚	功能说明
VR+	参考电压正端	OE	允许输出控制端
VR−	参考电压负端	CLK	时钟信号
ALE	地址锁存信号	A,B,C	地址输入
EOC	转换结束信号	ST	A/D 转换启动信号

（1）ALE 为地址锁存允许输入线,高电平有效。当 ALE 线为高电平时,地址锁存与译码器将 A,B,C 三条地址线的地址信号进行锁存,经译码后被选中的通道的模拟量经转换器进行转换。

（2）A,B 和 C 为地址输入线,用于选通 IN0～IN7 上的一路模拟量输入。通道选择如表6－3所列。

表 6－3　　　　　　　　　模拟输入通道选择表

C	B	A	选择的通道
0	0	0	IN0
0	0	1	IN1
0	1	0	IN2
0	1	1	IN3
1	0	0	IN4
1	0	1	IN5
1	1	0	IN6
1	1	1	IN7

（3）ST 为转换启动信号。当 ST 上跳沿时,所有内部寄存器清零;下跳沿时,开始进行 A/D 转换;在转换期间,ST 应保持低电平。

（4）EOC 为转换结束信号。当 EOC 为高电平时,表明转换结束;否则,表明正在进行 A/D 转换。

（5）OE 为输出允许信号,用于控制三条输出锁存器向 FPGA 输出转换得到的数据。OE＝1,输出转换得到的数据;OE＝0,输出数据线呈高阻状态。

（6）D7～D0 为数字量输出线。

（7）CLK 为时钟输入信号线。因 ADC0809 的内部没有时钟电路,所需时钟信号必须由外界提供,通常使用频率为 500 kHz。

（8）VR+,VR−为参考电压输入。

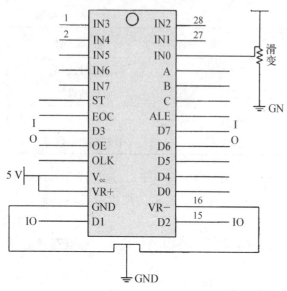

图 6-6　ADC 芯片和 FPGA 电路连接图

2）控制电路设计原理图

图 6-6 所示为 ADC 芯片和 FPGA 电路连接图。

（1）A,B,C 接 FPGA 的 I/O 口,这里 IN1～IN7 空出,只用 IN0,所以 A,B,C 赋值为 000,选择 IN0。

（2）IN0 接滑动变阻器,通过改变电压作为模拟输入。

（3）D0～D7 分别接测试电路上的 8 个 LED 灯,控制 LED 亮灭。

（4）VR+,VR-是参考电压输入,VR-接地,VR+接 5 V 电压,这样,当 IN0 输入 0 V 时,D0～D7 输出 00000000;当 IN0 输入 5 V 时,D0～D7 输出 11111111。

（5）ST,EOC,OE,CLK,ALE 为控制引脚,接 FPGA 的 I/O 口。

（6）CLK 为 500 kHz,通过 FPGA 的 50 MHz 时钟分频得到。

3）工作时序

工作时序为:

（1）给 START 一个正脉冲。当上升沿时,所有内部寄存器清零。下降沿时,开始进行 A/D 转换;在转换期间,START 保持低电平,ALE 可以采用同样的时序。

（2）EOC 为转换结束信号。在 A/D 转换期间,可以对 EOC 进行不断检测,当 EOC 为高电平时,表明转换工作结束。否则,表明正在进行 A/D 转换。

（3）当 A/D 转换结束后,将 OE 设置为 1,这时 D0～D7 的数据便可以读取了。OE=0,D0～D7 输出端为高阻态;OE=1,D0～D7 端输出转换的数据。

3. ADC0809 模数转换器控制电路符号

ADC0809 模数转换器控制电路符号如图 6-7 所示。

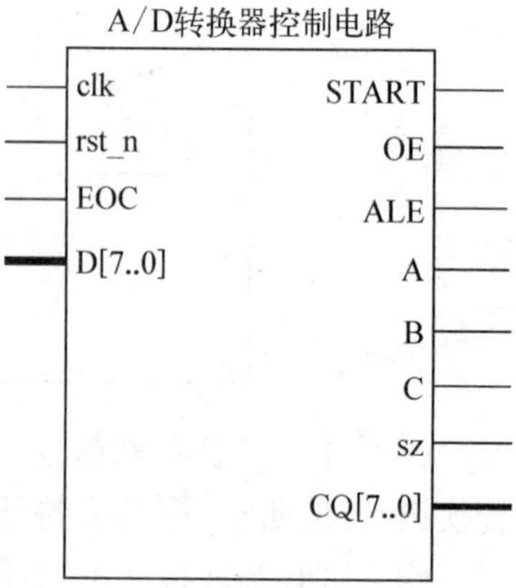

图 6-7　A/D 转换器控制电路符号图

6.4.2　Verilog HDL 程序开发设计

Verilog HDL 程序清单为:

```
module AD_0809(clk,rst_n,EOC,START,OE,ALE,sz,A,B,C,D,Q);
output START,OE,ALE,A,B,C,sz;
```

```
input EOC,clk,rst_n;
input[7:0]D;
output[7:0]Q;

reg START,OE,ALE,sz;
reg [7:0]Q;
assign A=0;
assign B=0;
assign C=0;


reg[4:0]CS,NS;
reg[20:0]cnt;
parameter IDLE=5'b00001,START_H=5'b00010,START_L=5'b00100,
          CHECK_END=5'b01000,LOC_DATA=5'b10000,GET_DATA=5'b10001;
always@(posedge clk)
begin
if(cnt>=100)
begin
    sz<=! sz;
    cnt<=0;
    CS<=NS;
end
end
  begin
  cnt<=cnt+1;
end
end
always@ (posedge clk)
  begin
  case(CS)
   IDLE:
      NS=START_H;
   START_H:
      NS=START_L;
```

```
            START_L:
                NS = CHECK_END
            CHECK_END:
                if( EOC)
                NS = LOC_DATA;
               else
                NS = CHECK_END;
            LOC_DATA:
                NS = GET_DATA;
        GET_DATA:
                NS = IDLE;
        default:
                NS = IDLE;
        endcase
    end
    always @( posedge clk)
     begin
     case( NS)
        IDLE:
        begin
            OE< = 0;
            START< = 0;
            ALE< = 0;
        end
        START_H:
        begin
        OE< = 0;
        START< = 1;
        ALE< = 1;
    end
START_L:
begin
    OE< = 0;
    START< = 0;
```

```
        ALE<=1;
    end
CHECK_END:
begin
    OE<=0;
    START<=0;
    ALE<=0;
end
LOC_DATA:
begin
    OE<=1;
    START<=0;
    ALE<=0;
end
GET_DATA:
begin
    Q<=D;
end
default:
begin
    OE<=0;
    START<=0;
    ALE<=0;
end
endcase
end
endmodule
```

6.4.3   FPGA 实现

1. 编辑调试模块代码

（1）启动 Quartus Ⅱ 开发环境，执行 File→New Project Wizard 命令，新建工程，依据向导提示指定工程目录名为"...\\AD_0809"，工程名为（AD_0809），顶层实体名为（AD_0809），指定目标芯片为 EP2C35F672C890。

（2）执行 File→New 命令，向当前工程中添加 Verilog HDL 文件，在文本编辑区输入

ADC0809 控制模块源代码,并以 AD_0809.v 为文件名保存到工程文件夹根目录下。

（3）执行 Processing→Start Compilation 命令开始编译。如果编译报错,可根据错误提示重新检查并修改程序,直到编译成功。

2. 分配引脚

（1）新建 tcl 脚本文件。执行 File→New 命令或单击图标,在弹出的对话框中选择 Design Files→Tcl Script Files 选项后,单击 OK 按钮,然后在文本编辑区输入引脚分配描述脚本,检查无误后单击图标并以 AD_0809.tcl 为文件名保存该脚本文件。

（2）Run tcl 文件。在 QuartusII主界面执行 Tools→Tcl Scripts 命令。在弹出的 Tcl Scripts 对话框中选中刚才新建的 AD_0809.tcl 脚本文件,然后单击 Run 按钮,分配成功后,在弹出 QuartusII提示框中单击 OK 按钮关闭提示框,返回 Tcl Scripts 对话框后单击 OK 按钮完成引脚分配。

3. 配置

在 QuartusII主界面执行 Assignments→Devices 命令,在弹出 Devices 配置对话框中单击 Device and Pin Options 按钮,然后在弹出"目标芯片属性"对话框的左侧选择 Configuration 选项,然后在该对话框右侧 Use configuration device：栏的下拉菜单中选择 EPCSl6 选项,单击 OK 按钮完成配置。

4. 编译

在 Quartus II 主界面执行 Processing→Start Compilation 命令开始编译。如果编译报错,可根据错误提示重新检查引脚分配或目标芯片设置,直到编译成功。

5. 下载

（1）硬件连接。先把下载器接口一端与测试平台的 JTAG 接口相连,另一端经 USB 数据线与计算机相连,检查无误后给实验板供上电。

（2）选择下载硬件。在 Quartus II 主界面执行 Tools→Programmer 命令或单击图标,在弹出 Programmer 对话框左上角单击 Hardware Setup 按钮,然后在弹出"下载硬件设置"对话框的 Currently selected hardware：栏中的下拉菜单中选择 USB-Blaster［USB-0］选项,然后单击 Close 按钮关闭对话框,完成下载硬件设置。

（3）下载。在 Programmer 对话框中,首先选中 Mode 栏下拉菜单的 JTAG 选项,然后单击 Add File 按钮导入 AD_0809.sof 文件,在确认 Program/Configure 栏目打√后,单击 Start 按钮,完成下载。下载成功后,根据设计任务检查项目效果。

6.5 数模转换器控制电路设计

6.5.1 设计任务

1. 设计要求

设计 DAC0832 数/模转换器控制电路,它通过 FPGA 的 I/O 口给 DAC0832 的 8 个输入端输入数字信号,再经 D/A 转换后输出锯齿波;分配 I/O 引脚,编程下载并观察电路效果。

2. 设计方案

1) 基本功能

DAC0832 是采样频率为 8 位的 D/A 转换器件,引脚功能如表 6-4 所列。

表 6-4 DAC0832 引脚功能

引　脚	功能说明	引　脚	功能说明
D7～D0	数据输入线	WR1	输入寄存器选通输入端
OUT1,OUT2	电流输出	WR2	DAC 寄存器选通输入端
V_CC	电源输入线	ILE	数据锁存信号输入端
AGND	模拟地	DGND	数字地
VREF	参考电压输入线	XFER	数据传送控制信号输入端
VFB	反馈信号输入线	CS	片选信号输入线

（1）D0～D7：8 位数据输入线。

（2）ILE：数据锁存允许控制信号输入线,高电平有效。

（3）CS：和 ILE 组合决定 WR1 是否起作用。

（4）WR1：为输入寄存器的写选通信号,作为第一级锁存信号,将 8 位输入锁存输入寄存器(此时 WR1 必须和 CS,ILE 同时有效)。

（5）XFER：数据传送控制信号输入线,低电平有效,用来控制 WR2。

（6）WR2：为 DAC 寄存器写选通输入线,将输入寄存器中的数据锁存 DAC 寄存器此时 WR2 和 XFER 必须同时有效)。

（7）OUT1：电流输出线;当输入全为 1 时 OUT1 电流输出最大,全为 0 时电流输出为 0。

（8）OUT2：电流输出线;其值与 OUT1 之和为一常数。

（9）VFB：反馈信号输入线;芯片内部有反馈电阻。

（10）Vcc：电源输入线(+5～+15 V)。

（11）VREF：基准电压输入线(-10～+10 V)。

（12）AGND：模拟地;模拟信号和基准电源的参考地。

（13）DGND：数字地;两种地线在基准电源处共地比较好。

2) 工作方式

DAC0832 数/模转换器有三种工作方式:

（1）单缓冲方式:只用输入寄存器,而把 DAC 寄存器接成直通方式。具体地说,就是 WR2 和 XFER 同时为低电平,这样 DAC 寄存器直通,直通时相当于一条导线。ILE 置高电平,CS 置低电平,这样通过给 WR 负脉冲来控制输入寄存器。适用一路模拟量输出或几路模拟量异步输出的情况。

（2）双缓冲方式：就是两级寄存器都用上，控制第一级寄存器接收外部数据，然后再控制第二级寄存器接收第一级寄存器的数据，经过两次缓存。具体地说，就是 ILE 置高电平，CS 置低电平，这样通过给 WR 负脉冲来控制输入寄存器；XFER 置低电平，这样通过给 WR2 负脉冲来控制 DAC 寄存器。适用多个 D/A 转换同步输出的情况。

（3）直通方式：ILE 置高电平，WR1，CS，WR2，XFER 置低电平，这样两级寄存器都工作在直通模式。适用连续反馈控制电路。

3）电路原理图

电路连接如图 6－8 所示，实现了为 DAC0832 与 FPGA 和外部放大器的连接。

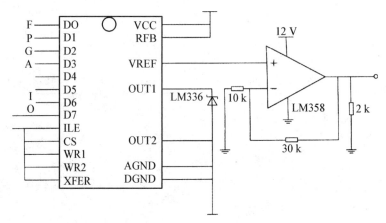

图 6－8　DAC0832 与 FPGA 和外部放大器连接图

3. DAC0832 数模转换器控制电路符号

图 6－9 所示为 DAC0832 数模转换器控制电路图。

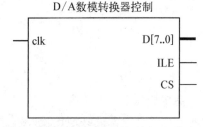

图 6－9　D/A 转换器控制电路符号图

6.5.2　Verilog HDL 程序开发设计

Verilog HDL 程序清单：

```
module DA_0832(clk,D,ILE,CS);
input clk;
output [7:0]        D;
output ILE,CS;

reg [7:0]        D;
reg [50:0]      cnt;

assign ILE = 1;
assign CS = 0;

always@( posedge clk)
begin
    if( cnt> = 5000)
    begin
        if( D> = 8'b11111111)
        begin
            D< = 0;
        end
        else
        begin
            D< = D+1;
        end
            cnt< = 0;
    end
    else
            cnt< = cnt+1;
    end
    endmodule
```

6.5.3   FPGA 实现

1. 编辑调试模块代码

（1）启动 Quartus Ⅱ 开发环境，执行 File→New Project Wizard 命令，新建工程，依据向导提示指定工程目录名为"…\DA_0832"，工程名为（DA_0832），顶层实体名为（DA_0832），指定目标芯片为 EP2C35F672C8。

（2）执行 File→New 命令，向当前工程中添加 Verilog HDL 文件，在文本编辑区输入 DAC0832 控制模块源代码，并以 DA_0832.v 为文件名保存到工程文件夹根目录下。

（3）执行 Processing→Start Compilation 命令开始编译。如果编译报错，可根据错误提示重新检查并修改程序，直到编译成功。

2. 分配引脚

（1）新建 tcl 脚本文件。执行 File→New 命令或单击图标，在弹出的对话框中选择 Design Files→Tcl Script Files 选项后，单击 OK 按钮，然后在文本编辑区输入引脚分配描述脚本，检查无误后单击图标并以 DA_0832.tcl 为文件名保存该脚本文件。

（2）Run tcl 文件。在 Quartus II 主界面执行 Tools→Tcl Scripts 命令。在弹出的 Tcl Scripts 对话框选中刚才新建的 DA_0832.tcl 脚本文件，然后单击 Run 按钮，分配成功后，在弹出 Quartus II 提示框中单击 OK 按钮关闭提示框，返回 Tcl Scripts 对话框后单击 OK 按钮完成引脚分配。

3. 配置

在 Quartus II 主界面执行 Assignments→Devices 命令，在弹出 Devices 配置对话框中单击 Device and Pin Options 按钮，然后在弹出"目标芯片属性"对话框的左侧选择 Configuration 选项，然后在该对话框右侧 Use configuration device：栏的下拉菜单中选择 EPCSl6 选项，单击 OK 按钮完成配置。

4. 编译

在 Quartus II 主界面执行 Processing→Start Compilation 命令开始编译。如果编译报错，可根据错误提示重新检查引脚分配或目标芯片设置，直到编译成功。

5. 下载

（1）硬件连接。先把下载器接口一端与测试平台的 JTAG 接口相连，另一端经 USB 数据线与计算机相连，检查无误后给实验板供上电。

（2）选择下载硬件。在 Quartus II 主界面执行 Tools→Programmer 菜单命令或单击图标，在弹出 Programmer 对话框的左上角单击 Hardware Setup 按钮，然后在弹出"下载硬件设置"对话框的 Currently selected hardware：栏中的下拉菜单中选择 USB_Blaster[USB-0]选项，然后单击 Close 按钮关闭对话框，完成下载硬件设置。

（3）下载。在 Programmer 对话框中，首先选中 Mode 栏下拉菜单的 JTAG 选项，然后单击 Add File 按钮导入 DA_0832.sof 文件，在确认 Program/Configure 栏目打√后，单击 Start 按钮，完成下载。下载成功后，根据设计任务检查项目效果。

第 3 篇

可编程逻辑器件开发设计综合案例

本篇应用可编程逻辑器件进行综合系统的开发设计,是应用可编程器件及开发设计实际应用系统的基础,内容包括交通灯控制系统开发设计的 FPGA 实现、数字时钟系统综合设计的 FPGA 实现、Turbo 码译码算法开发设计的 FPGA 实现、电梯控制器系统设计的 FPGA 实现这 4 个项目。每个项目包括系统方案设计、系统 VHDL 程序设计、系统 FPGA 实现等内容。项目涉及交通信息工程、电子信息工程、通信工程、自动化等专业的应用,学习者可选择感兴趣或相关的项目进行深入的研究与实现。

通过本篇的学习,要求能熟练地掌握硬件描述语言 VHDL 的程序设计方法和设计技巧,掌握程序设计与复杂系统设计的结合,掌握大型程序的分步、分块调试和仿真,掌握 FPGA 实现综合电路的调试和测试方法。

交通灯控制器系统设计的 FPGA 实现

基本任务：

（1）理解清楚交通灯控制系统方案的设计要素、目标、实现过程和验证方法，基于硬件描述语言 VHDL 设计系统方案实现的程序。

（2）通过 Quartus Ⅱ 应用软件和开发环境的配套软件，建立设计项目、编辑编译调试程序、进行系统方案功能仿真与测试。

（3）掌握综合系统的硬件描述语言 VHDL 的程序设计方法和技巧，掌握综合系统 VHDL 程序的分步、分块、综合调试和测试。

（4）熟悉综合系统 FPGA 实现的方法、流程及关键技术问题。

7.1 系统方案设计

设计一个交通灯控制器系统来控制丁字路口的交通灯，由 LED 显示灯表示交通状态，并以七段数码显示器显示当前状态剩余秒数。要求使用 Quartus Ⅱ 软件创建项目工程 jtd，对项目工程进行编译及修改，选择 Cyclone Ⅱ 系列的 EP2C8Q208C8 器件并进行引脚分配、项目编译、仿真、生成目标文件，使用 EDA 实验箱进行器件的编程和配置。

交通灯控制器系统有两组交通灯，一组控制主路而另一组控制支路。交通灯控制器系统可以实现的功能为：主路绿灯亮时，支路红灯亮；主路红灯亮时，支路绿灯亮；主路每次放行 35 s，支路每次放行 25 s；每次由绿灯变为红灯的过程中，黄灯作为过渡，黄灯亮时间为 5 s；能实现正常的倒数计时显示功能；实现总体清零功能，计数器由初始状态开始计数，对应状态的指示灯亮；实现特殊状态的功能显示，进入特殊状态时，东西和南北路口均显示红灯状态。

由交通灯控制器系统的功能分析得到其交通灯点亮规律的状态转换表，如表 7-1 所示，共由 4 个状态构成，使用有限状态机来实现各种状态之间的转换。交通灯控制器系统构成如下：sz 为系统时钟信号输入端，jin 为禁止通行信号输入端，mr 为主路红灯信号输出端，my 为主路黄灯信号输出端，mg 为主路绿灯信号输出端，br 为支路红灯信号输出端，by 为支路黄灯信号输出端，bg 为支路绿灯信号输出端，dz 为数码管地址选择信号输出端，xs 为七段显示控制信号输出端。

表 7-1   交通灯控制器的状态转换表

状　态	主　路	支　路	保持时间/s
zt1	绿灯亮	红灯亮	35
zt2	黄灯亮	红灯亮	5
zt3	红灯亮	绿灯亮	25
zt4	红灯亮	黄灯亮	5

7.2　系统 VHDL 程序设计

使用 Quartus Ⅱ 软件创建项目工程 jtd,使用 VHDL 语言的有限状态机的文本输入方法设计交通控制器系统功能;创建 jtd.vhd 文件,其中包括 7 个进程,分别是 1 kHz 分频、1 Hz 分频、交通状态转换、禁止通行信号、数码管动态扫描计数、数码管动态扫描和七段译码;进行项目工程的编译操作,保证交通灯控制器功能的正确性。

交通灯控制器系统 VHDL 源程序清单:

```
library ieee;
use ieee.std_logic_1164.all;
use ieee.std_logic_unsigned.all;
entity jtd is
prot ( sz:in std_logic;
      jin:in std_logic;                       --禁止通行信号
      dz:out std_logic_vector( 1 downto 0);   --数码管地址选择信号
      xs:out std_logic_vector( 6 downto 0);   --七段码显示控制信号
      mr,my,mg:out_std_logic;                 --主路的灯信号
      br,by,bg:out std_logic);                --支路的灯信号
end jtd;
architecture one of jtd is
    type states is( zt1,zt2,zt3,zt4);
    signal sz1k,sz1:std_logic;                --1 kHz 和 1 Hz 分频信号
    signal one,ten:std_logic_vector( 3 downto 0);
    signal cnt:std_logic_vector( 1 downto 0);
    signal data:std_logic_vector( 3 downto 0);.
    signal xs_temp:std_logic_vector( 6 downto 0);
```

```vhdl
        signal r1,r2,g1,g2,y1,y2:std_logic;
begin
end process;
process(sz1k)                              -- 1 Hz 分频电路模块
variable count:integer range 0 to 4999;
begin
if sz1k'event and sz1k='1' then
    if count=4999 then sz1<=not sz1;count:=0;
    else count:= count+1;
    end if;
end if;
end process;
process(sz)                                -- 1 kHz 分频电路模块
    variable count:integer range 0 to 9999;
begin
    if sz'event and sz='1' then
    if count=9999 then sz1k<=not sz1k;count:=0;
    else count:=count+1;
    end if;
    end if;
process(sz1)                               --交通信号状态转换电路模块
    variable ztzh:states;
    variable a:std_logic;
    variable gw,dw:std_logic_vector(3 downto 0);  --计数的高位和低位
begin
if sz1'event and sz1='1' then
case ztzh is
when zt1=> if jin='0' then
                    if a='0' then
                        gw:="0011";
                        dw:="0100";
                        a:='1';
                        r1<='0';
                        y1<='0';
```

```
                    g1<='1';
                    r2<='1';
                    y2<='0';
                    g2<='0';
              else
                 if gw=0 and dw=1 then
                       ztzh:=zt2;
                            a:='0';
                          gw:="0000";
                          dq:="0000";
                    elsif dq=0 then
                             dw:="1001";
                            gw:=gw-1;
                       else
                            dw:=dw-1;
                 end if;
              end if;
           end if;
   when zt2=> if jin='0'then
              if a='0' then
                    gw:="0000";
                    dw:="0100";
                     a:='1';
                    r1<='0';
                    y1<='1';
                    g1<='0';
                    r2<='1';
                    y2<='0';
                    g2<='0';
              else
                 if dw=1 then
                    ztzh:= zt3;
                       a:='0';
                     gw:="0000";
```

```vhdl
                    dw:="0000";
            else
                    dw:=dw-1;
            end if;
        end if;
      end if;
when zt3=> if jin='0' then
            if a='0' then
                    gw:="0010";
                    dw:="0100";
                     a:='1';
                    r1<='1';
                    y1<='0';
                    g1<='0';
                    r2<='0';
                    y2<='0';
                    g2<='1';
                else
                    if gw=0 and dw=1 then
                        ztzh:=zt4;
                         a:='0';
                        gw:="0000";
                        dw:="0000";
                    elsif dw=0 then
                            dw:="1001";
                            gw:=gw-1;
                        else
                            dw:=dw-1;
                        end if;
                end if;
            end if;
when zt4=> if jin='0' then
                if a='0' then
                    gw:="0000";
```

195

```vhdl
                              dw: = "0100";
                               a: = '1';
                            r1<= '1';
                            y1<= '0';
                            g1<= '0';
                            r2<= '0';
                            y2<= '1';
                            g2<= '0';
                        else
                            if dw = 1 then
                                ztzh: = zt1;
                                    a: = '0';
                                    gw: = "0000";
                                    dw: = "0000";
                                else
                                    dw: = dw-1;
                            end if;
                        end if;
                end if;
        end ease;
        end if;
        one<= dw; ten<= gw;
        end process;
        process( jin, sz1, r1, r2, g1, g2, y1, y2, xs_temp)          --数码管显示电路模块
        begin
        if jin = '1' then
            mr<= r1 or jin;
            br<= r2 or jin;
            mg<= g1 and not jin;
            bg<= g2 and not jin;
            my<= y1 and not jin;
            by<= y2 and not jin;
            xs(0)<= xs_temp(0) and sz1;
            xs(1)<= xs_temp(1) and sz1;
```

196

```vhdl
        xs(2)<=xs_temp(2) and sz1;
        xs(3)<=xs_temp(3) and sz1;
        xs(4)<=xs_temp(4) and sz1;
        xs(5)<=xs_temp(5) and sz1;
        xs(6)<=xs_temp(6) and sz1;
else
        xs<= xs_temp;
        mr<=r1;
        br<=r2;
        mg<=g1;
        bg<=g2;
        my<2=y1;
        by<=y2;
end if;
end process;
process(sz1k)                          --数码管动态扫描计数
begin
if sz1k'event and sz1k='1' then
        if cnt="01"then cnt<="00";
        else cnt<=cnt+1;
        end if;
end if;
end process;
process(cnt,one,ten)                   --数码管动态扫描
begin
case cnt is
        when"00"=>data<=one;dz<="01";
        when"01"=>data<=one;dz<="10";
when others=>null;
end case;
end process;
process(data)                          --七段译码电路模块
begin
case data is
```

197

```
when"0000"=>xs_temp<="1111110";
when"0001"=>xs_temp<="0110000";
when"0010"=>xs_temp<="1101101";
when"0011"=>xs_temp<="1111001";
when"0100"=>xs_temp<="0110011";
when"0101"=>xs_temp<="1011011";
when"0110"=>xs_temp<="1011111";
when"0111"=>xs_temp<="1110000";
when"1000"=>xs_temp<="1111111";
when"1001"=>xs_temp<="1111011";
when others=>xs_temp<="1001111";
end case;
end process;
end one;
```

7.3 系统的 FPGA 实现

7.3.1 VHDL 程序建立

（1）在 Quartus Ⅱ 软件中创建项目工程 jtd，指定目标器件为 Cyclone Ⅱ 系列中的 EP2C8Q208C8 器件。

（2）新建 jtd.vhd 文件，使用 VHDL 语言的设计交通控制器系统功能。

（3）建立项目工程。选择菜单 Processing→Start→Start Analysis & Elaboration，先检查当前电路的错误并修改。

（4）保存文件，生成 jtd.bsf 电路符号文件。

7.3.2 项目编译与器件的编程配置

（1）对项目工程 jtd 进行项目编译和仿真操作验证当前项目工程的功能，并使用 EDA 实验箱和 JTAG 模式对其配置到目标器件（Cyclone Ⅱ 系列中的 EP2C8Q208C8）中。

（2）通过本任务操作，使用户能够熟悉 FPGA 内部结构特点和可编程逻辑器件的设计流程；能使用 QuartusⅡ软件进行项目工程的仿真操作及目标器件的编程和配置操作，以验证功能。

（3）通过软件菜单操作，分别实施分配器件引脚、设置时序约束参数、设置分析综合参数、布局布线参数、编译项目工程、时序仿真、连接硬件电路、配置目标器件、选择配置方式、添加配置文件、执行器件配置操作等，实现交通控制器系统的功能。

项目 8 数字时钟系统设计的 FPGA 实现

基本任务:

(1) 理解清楚数字时钟系统方案的设计要素、目标、实现过程和验证方法,基于硬件描述语言 VHDL 设计系统方案实现的程序。

(2) 通过 Quartus Ⅱ 应用软件和开发环境的配套软件,建立设计项目、编辑编译调试程序、进行系统方方案功能仿真与测试。

(3) 掌握综合系统的硬件描述语言 VHDL 的程序设计方法和技巧,掌握综合系统 VHDL 程序的分步、分块、综合调试和测试。

(4) 熟悉综合系统 FPGA 实现的方法、流程及关键问题。

8.1 系统方案设计

本项目要求设计一个基于 FPGA 器件的多功能数字时钟系统,具有从 00:00:00 ~ 23:59:59 的计时、显示、设置和校对的功能,同时在控制电路的作用下,能够进行校时、校分、整点报时,具体要求有:

(1) 计时功能:正常工作状态下,能够进行每天 24 h 计时。

(2) 显示功能:采用 6 位 LED 数码管分别显示小时、分钟和秒。

(3) 整点报时功能:在每个整点时刻的前 10 s 产生"嘀嘀嘀嘀······嘟"的报时铃音,即当时钟计时到 59 min 51 s 时开始报时,在 59 min 51 s、53 s、55 s、57 s 时鸣叫,鸣叫频率为 500 Hz;到达 59 min 59 s 时进行整点报时,报时频率为 1 kHz,持续时间为 1 s,报时结束时刻为整点。

(4) 校时功能:当时钟出现计时误差时能够进行校正。即通过功能设定键进入校时状态后,在"小时"校准时,时计数器以秒脉冲(1 Hz)速度递增,并按 24 h 循环;在"分钟"校准时,分计数器以秒脉冲(1 Hz)速度递增,并按照 60 min 循环。

根据项目设计要求,确定数字时钟系统设计方案如图 8 - 1 所示。

从图 8 - 1 可以看出,采用层次化设计方法进行数字时钟系统的设计时,可以根据其功能将整个系统划分为一个顶层模块和系统分频模块、功能模式选择模块、计时与时间调整

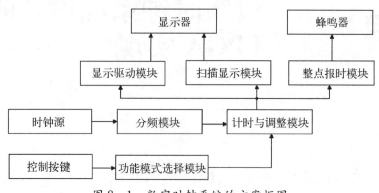

图 8－1　数字时钟系统的方案框图

模块、整点报时模块、显示驱动模块和显示扫描模块共 6 个功能子模块。系统的外部输入信号为系统工作所需的时钟信号(时钟源)、工作模式选择信号及时间设置信号,系统输出外接设备为进行报时的蜂鸣器和用于时间显示的 6 位数码管显示器。各功能子模块的功能与作用如下。

（1）分频模块:负责将系统外部提供的时钟信号进行分频处理,分别产生 1 Hz 的秒计时脉冲信号、整点报时所需的 1 kHz 和 500 Hz 脉冲信号。

（2）功能模式选择模块:在外部控制按键的控制下,使数字闹钟在计时、校时两种模式之间转换。

（3）计时与时间调整模块:对 1 Hz 的标准时钟信号进行秒、分和小时计时,并在校时模式下,接受外部调整按键的控制,进行分钟和小时的校准。

（4）整点报时模块:在每个整点的前 10 s 驱动蜂鸣器发出报时信号。

（5）显示驱动模块:由于系统采用 LED 数码管进行显示,计时模块采用 BCD 码计数方式,显示驱动模块要将计时模块输出的小时、分钟和秒的 BCD 码进行译码,以驱动 LED 数码管显示。系统显示采用动态扫描方式,因此显示驱动模块还要完成显示数据的选择和显示顺序控制,使显示小时、分钟和秒的数码管依次以较快的速度被轮流点亮。

（6）显示扫描模块:在进行校准时间时,显示扫描模块使被调整位的数码管以秒速闪烁,显示当前调整位,便于进行调整。

8.2　系统 VHDL 程序设计

使用 Quartus Ⅱ软件创建项目工程 digitalclock,在此工程中使用混合设计输入法完成系统分频模块、功能模式选择模块、计时与时间调整模块、整点报时模块、显示驱动模块和扫描模块等 6 个功能子模块的设计和仿真,同时生成相对应的电路符号;创建顶层文件应用 6 个功能子模块,进行数字时钟系统整体电路设计。

8.2.1　系统分频模块程序设计

由于 EDA 实验箱中石英晶体振荡电路提供的时钟信号频率为 50 MHz,而数字时钟系统需要 1 Hz 的秒计时脉冲信号、1 000 Hz 和 500 Hz 的报时脉冲信号,因此需要分频电路对 50 MHz 的时钟进行分频,产生所需的时钟信号。

分频模块外部引脚信号与端口为:clk:50 MHz 脉冲信号输入端,clk1:1 Hz 脉冲信号输出端,clk500:500 Hz 脉冲信号输出端,clk1 000:1 000 Hz 脉冲信号输出端。

新建项目工程 fenpin,并新建 fenpin.vhd 文件,输入所设计的分频程序,同时进行功能仿真,验证设计的正确性,并生成元件符号,以备顶层设计中使用。VHDL 程序清单为:

```
library ieee;
use ieee.std_logic_1164.all;
use ieee.std_logic_unsigned.all;
entity fenpin is
    port( clk:in std_logic;
          clk1,clk500,clk1000:out std_logic);
end fenpin;
architecture fp of fenpin is
  signal clk1_tmp,clk500_tmp,clk1000_tmp:std_logic;
  begin
    process(clk)
    variable cont1000:integer range 0 to 24999;
      begin
      if clk'event and clk='1' then
          if cont1000<24999 then
              cont1000:=cont1000+1;
          else
              cont1000:=0;
              clk1000_tmp<=not clk1000_tmp;
          end if;
      end if;
    clk1000<=clk1000_tmp;
end process;
process(clk1000_tmp)
      begin
```

```
        if clk1000_tmp'event and clk1000_tmp='1' then
            clk500_tmp<=not clk500_tmp;
        end if;
          clk500<=clk500_tmp;
    end process;
    process(clk500_tmp)
        variable cont1: integer range 0 to 249;
        begin
        if clk500_tmp'event and clk500_tmp='1' then
            if cont1<249 then
                cont1:=cont1+1;
            else
                cont1:=0;
                clk1_tmp<=not clk1_tmp;
            end if;
        end if;
        clk1<=clk1000_tmp;
    end process;
end fp;
```

8.2.2 功能模式选择模块程序设计

数字钟具有计时、校时、复位 3 种工作模式,设置 mode 和 set 两个按键,分别进行工作模式选择、手动校时和系统复位。mode 按键依次按下,系统分别进入校准小时、校准分钟、清零复位和计时状态,系统初始状态为计时状,set 按键在校准小时、校准分钟状态下进行手动调整小时和分钟,在清零复位状态下作为确认信号。

根据功能模式选择模块的作用和功能,有 4 个状态:S0:初始状态,即正常计时状态;S1:小时校正状态;S2:分钟校准状态;S3:系统复位状态。

功能模式选择模块外部引脚信号与端口为:mode:功能模式选择信号输入端;set:时间调整输入端;min:分钟调整位控制输出信号端,在分钟调整时控制分钟显示数码管以秒速闪烁显示;hour:小时调整位控制输出信号端,在小时调整时控制小时显示数码管以秒速闪烁显示;cph:小时调整进位输出端,在进行小时调整时输出小时进位信号;cpm:分钟调整进位输出端,在进行分钟调整时输出分钟进位信号;clr:系统复位清零信号输出端。

新建项目工程 gnmsxz,并新建 gnmsxz.vhd 文件,输入所设计的功能模式选择模块程序,同时进行功能仿真验证设计的正确性,并生成元件符号。VHDL 程序清单为:

```vhdl
library ieee;
use ieee.std_logic_1164.all;
use ieee.std_logic_unsigned.all;
entity gnmsxz is
   port(mode,set:in std_logic;
         min,hour:out std_logic;
         cph,cpm,clr:out std_logic);
end gnmsxz;
architecture gn of gnmsxz is
type t_state is(s0,s1,s2,s3);
signal next_state:t_state:= s0;
begin
com1:process(mode)
begin
   if mode'event and mode='1' then
     case next_state is
     when s0=>next_state<=s1;
     when s1=>next_state<=s2;
     when s2=>next_state<=s3;
     when s3=>next_state<=s0;
     when others=>next_state<=s0;
     end case;
   end if;
end process com1;
com2:process(next_state,set)
     begin
     case next_state is
     when s0=>min<='0';hour<='0';cpm<='0';cph<='0';clr<='0';
     when s1=>min<='0';hour<='1';cpm<='0';cph<=set;clr<='0';
     when s2=>min<='1';hour<='0';cpm<=set;cph<='0';clr<='0';
     when s3=>min<='1';hour<='1';cpm<='0';cph<='0';clr<=set;
     end case;
   end process com2;
end gn;
```

8.2.3　计时与时间调整模块程序设计

数字时钟系统的计时分为秒计时、分计时和小时计时,其中秒计时电路对 1Hz 的时钟信号进行计数,并输出进位信号给分计时电路作为分钟计数脉冲,分计时电路再输出进位信号给小时计时电路作为小时计数脉冲。

因此根据设计要求,计时与时间调整模块可分为时计数、分计数和秒计数 3 个子模块。其中时计数子模块为二十四进制 BCD 码计数器,分计数和秒计数子模块均为六十进制 BCD 码计数器。同时分计数子模块和时计数子模块还要接受功能模式选择模块输出的分钟调整信号和小时调整信号,进行时间校准。

1. 时计数子模块设计

时计数子模块是一个二十四进制计数器,其外部引脚信号和端口为: ① clkh: 小时计数脉冲输入端; ② clr: 清零端; ③ h_high: 小时计数十位信号输出端; ④ h_low: 小时计数个位信号输出端。新建项目工程 count_24,并新建 count_24. vhd 文件,输入所设计的功能模式选择模块程序,同时进行功能仿真验证设计的正确性,并生成元件符号。VHDL 程序清单为:

```
library ieee;
use ieee.std_logic_1164.all;
use ieee.std_logic_unsigned.all;
entity count_24 is
  port(clkh,clr:in std_logic;
    h_high,h_low:out std_logic_vector(3 downto 0));
end count_24;
architecture hjs of count_24 is
  signal high,low:std_logic_vector(3 downto 0);
  signal co:std_logic;
  begin
    com1:process(clkh,clr)
    begin
      if clr='1'then
        low<="0000";
      elsif clkh'event and clkh='1' then
        if(low="1001")or(high="0010"and low="0011") then
            low<="0000";co<='0';
        elsif low="1000" then
            low<=low+1;co<='1';
```

```
        else
            low<=low+1;co<='0';
        end if;
    end if;
    end process com1;
  com2:process(co,clkh,clr)
    begin
        if clr='1' then
            high<="0000";
        elsif clkh'event and clkh='1' then
        if high="0010"and low="0011" then
            high<="0000" ;
        elsif co='1' then
            high<=high+1;
        end if;
        end if;
    end process com2;
    h_high<=high;
    h_low<=low;
    end hjs;
```

2. 分计数子模块设计

分计数子模块是一个六十进制计数器,其外部引脚信号和端口为:clkm:分钟计数脉冲输入端;cph:小时调整脉冲输入端;clr:清零端;m_high:分钟计数十位信号输出端;m_low:分钟计数个位信号输出端;com:分钟计数进位信号输出端。新建项目工程 countmin_60,并新建 countmin60.vhd 文件,输入所设计的分计数子模块程序,同时进行功能仿真验证设计的正确性。VHDL 程序清单为:

```
library ieee;
use ieee.std_logic_1164.all;
use ieee.std_logic_unsigned.all;
entity countmin_60 is
port(clkm,cph,clr:in std_logic;
        m_high,m_low:out std_logic_vector(3 downto 0);
        com:out std_logic);
```

```vhdl
end countmin_60;
architecture mjs of countmin_60 is
signal co:std_logic;
signal high,low:std_logic_vector(3 downto 0);
begin
    process(clkm,clr)
    begin
        if clr='1'then
            low<="0000";high<="0000";
        elsif clkm'event and clkm='1' then
            if high<"0101" then
                if low<"1001" then
                    low<=low+1;
                else
                    low<="0000";
                    high<=high+1;
                end if;
                co<='0';
            elsif low<"1001" then
                low<=low+1;
                co<='0';
            else
                low<="0000";high<="0000";
                co<='1';
            end if;
        end if;
    m_high<=high;
    m_low<=low;
    com<=co or cph;
    end process;
end mjs;
```

3. 秒计数子模块设计

秒计数子模块也是一个六十进制计数器,其外部引脚信号与端口为:clks:1 Hz 秒计数脉冲输入端;cpm:分钟调整脉冲输入端;clr:清零端;s_high:秒计数十位信号输出端;s_low:秒计数个位信号输出端；cos：秒计数进位信号输出端。新建项目工程 countsin_60,并新建 countsin60.vhd 文件,输入所设计的分计数子模块程序,同时进行功能仿真验证设计的正确性。
VHDL 程序清单为：

```vhdl
library ieee;
use ieee.std_logic_1164.all;
use ieee.std_logic_unsigned.all;
entity countsin_60 is
port(clks,cpm,clr:in std_logic;
    s_high,s_low:out std_logic_vector(3 downto 0);
    com:out std_logic);
end countsin_60;
architecture sjs of countsin_60 is
signal co:std_logic;
signal high,low:std_logic_vector(3 downto 0);
begin
  process(clks,clr)
  begin
    if clr='1' then
      low<="0000";high<="0000";
    elsif clks'event and clks='1' then
        if high<"0101" then
          if low<"1001" then
            low<=low+1;
          else
            low<="0000";
            high<=high+1;
          end if;
          co<='0';
        elsif low<"1001" then
          low<=low+1;
          co<='0';
        else
          low<="0000";high<="0000";
          co<='1';
```

```
            end if;
        end if;
    s_high<=high;
    s_low<=low;
    cos<=co or cpm;
    end process;
end sjs;
```

8.2.4　整点报时模块设计

数字时钟系统的整点报时功能要求在每个整点的 10 s 前产生整点报时音,报时音为"嘀嘀嘀……嘟"四短一长音,即当时钟计时到 59 min 51 s 时开始报时,在 59 min 51 s、53 s、55 s、57 s 时鸣叫,鸣叫频率为 500 Hz;到达 59 min 59 s 时进行整点报时,报时频率为 1 kHz,持续时间为 1 s,报时结束时刻为整点。

整点报时模块外部引脚信号和端口为:s_low:秒计数个位信号输入端;s_high:秒计数十位信号输入端;m_low:分钟计数个位信号输入端;m_high:分钟计数十位信号输入端;clk500:500 Hz 脉冲信号输入端;clk1 000:1 kHz 脉冲信号输入端;buzzer:整点报时信号输出端。新建项目工程 zdbs,并新建 zdbs.vhd 文件,输入所设计的整点报时模块程序,同时进行功能仿真验证设计的正确性。VHDL 程序清单为:

```
library ieee;
use ieee.std_logic_1164.all;
use ieee.std_logic_unsigned.all;
entity zdbs is
port(s_low,s_high,m_low,m_high:in std_logic_vector(3 downto 0);
    clk500,clk1000:in std_logic;
    buzzer:out std_logic);
  end zdbs;
  architecture zd of zdbs is
  begin
    process(m_low)
    begin
      if m_low=9 and m_high=5 and s_high=5 then
        if s_low=1 or s_low=3 or s_low=5 or s_low=7 then
          buzzer<=clk500;
```

```
            elsif s_low = 9 then
                buzzer< = clk1000;
            else
                buzzer< = '0';
            end if;
        else
            buzzer< = '0';
        end if;
    end process;
end zd;
```

8.2.5 显示驱动模块程序设计

显示驱动电路要将计时电路输出的小时、分钟和秒共 6 位 8421BCD 码转换为数码管所需要的 7 位段码,并且还要输出六位数码管的位选信号,实现 6 位数码管的动态扫描。因此,显示驱动电路输出信号有 7 位段码信号、6 位数码管的位选信号,输入为计时电路输出的时、分、秒信号,此外还需要一个扫描时钟信号,用以确定数码管动态显示的速度。

显示驱动模块的外部引脚信号和端口为:clk500:扫描时钟输入端,为 500 Hz 脉冲信号;h_high:小时计数十位信号输入端;h_low:小时计数个位信号输入端;m_high:分钟计数十位信号输入端;m_low:分钟计数个位信号输入端;s_high:秒计数十位信号输入端;s_low:秒计数个位信号输入端;sg:七段字形码输出端;bc:6 位数码管的位选信号输出端。新建项目工程xsqd,并新建 xsqd.vhd 文件,输入所设计的显示驱动模块程序,同时进行功能仿真验证设计的正确性。在设计时需要注意的是,要根据数码管是共阴极还是共阳极的类型来确定位选信号和字形码信号的高、低电平,设计中选用的数码管为共阴极数码管。VHDL 程序清单为:

```
library ieee;
use ieee.std_logic_1164.all;
use ieee.std_logic_unsigned.all;
entity xsqd is
port( clk500:in std_logic;
    h_high,h_low:in std_logic_vector( 3 downto 0);
    m_high,m_low:in std_logic_vector( 3 downto 0);
    s_high,s_low:in std_logic_vector( 3 downto 0);
    sg:out std_logic_vector( 6 downto 0);
    bc:out std_logic_vector( 5 downto 0));
```

```vhdl
end xsqd;
architecture xs of xsqd is
    signal b:std_logic_vector(2 downto 0);
    signal d:std_logic_vector(3 downto 0);
    begin
    com1:process(b)
        begin
            case b is
                when"101"=>bc<="011111";d<=h_high;
                when"100"=>bc<="101111";d<=h_low;
                when"011"=>bc<="110111";d<=m_high;
                when"010"=>bc<="111011";d<=m_low;
                when"001"=>bc<="111101";d<=s_high;
                when"000"=>bc<="111110";d<=s_low ;
                when"110"=>bc<="111111";d<="1111";
                when"111"=>bc<="111111";d<="1111";
            end case;
    end process com1;
    com2:process(clk500)
        begin
            if clk500'event and clk500='1' then
                b<=b+1;
            end if;
    end process com2;
    com3:process(d)
        begin
        case d is
            when"0000"=>sg<="0111111";
            when"0001"=>sg<="0000110";
            when"0010"=>sg<="1011011";
            when"0011"=>sg<="1001111";
            when"0100"=>sg<="1100110";
            when"0101"=>sg<="1101101";
            when"0110"=>sg<="1111101";
```

```
        when"0111"=>sg<="0100111";
         when"1000"=>sg<="1111111";
        when"1001"=>sg<="1101111";
        when others=>sg<="0000000";
      end case;
    end process com3;
  end xs;
```

8.2.6　显示扫描模块程序设计

在进行时间校准时,显示扫描模块要接收功能模式选择模块的控制命令,向数码管输出控制信号,其外部引脚信号和端口为:clk1:工作时钟输入端,为 1 Hz 脉冲信号,使被调整位以秒速闪烁;min:分钟调整信号输入端;hour:小时调整信号输入端;be:数码管位控信号输入端;led_bit:数码管位控信号输出端。新建项目工程 xssm,并新建 xssm.vhd 文件,输入所设计的显示扫描模块程序,同时进行功能仿真验证设计的正确性。VHDL 程序清单如下:

```
    library ieee;
    use ieee.std_logic_1164.all;
    use ieee.std_logic_unsigned.all;
    entity xssm is
      port(clk1:in std_logic;
        min,hour:in std_logic;
        bc:in std_logic_vector(5 downto 0);
        led_bit:out std_logic_vector(5 downto 0));
      end xssm;
  architecture sm of xssm is
    begin
    process(min,hour,bc)
      variable bitc:std_logic_vector(5 downto 0);
      begin
      bitc:=bc;
      if hour='1' then
        if bitc="011111" then
          bitc(5):=clk1;
        else
```

211

```
                    if bitc = "101111" then
                        bitc(4) : = clk1;
                    end if;
                end if;
            end if;
        if min = '1' then
            if bitc = "110111" then
                bitc(3) : = clk1;
            else
                if bitc = "111011" then
                    bitc(2) : = clk1;
                end if;
            end if;
        end if;
        led_bit< = bitc;
    end process;
end sm;
```

8.2.7　数字时钟系统顶层电路设计

创建数字时钟系统项目工程 digitalclock,新建原理图文件 digitalclock.bdf,在 digitalclock.bdf 文件中分别调用上述 6 个功能子模块元件,完成数字时钟系统顶层电路设计。

8.3　系统的 FPGA 实现

针对数字时钟系统工程 digitalclock 中的顶层文件 digitalclock.bdf,进行项目引脚分配、分析与综合、布局布线等操作,设计方案实施过程如下。

1. 选择 FPGA 目标芯片

选择菜单 Assigments→Setting 命令,在 Setting 对话框中的 Gategory 目录下的 Device 子目录中,选择目标芯片为 EP2C8Q208C8。

2. 选择配置器件、编程方式

(1)选择配置器件工作方式:在 Setting 对话框中的 Gategory 目录下的 Device 子目录中单击 Device and Pin Options 按钮,在出现的 Device and Pin Options 对话框中选择 neral 选项卡,选中 Auto-restart configuration error 复选框,选择配置器件工作方式为失败后自动重新配置。

(2)选择配置器件与编程方式:在 Device and Pin Options 对话框中选择 Configuration 选项

卡,选中 Use configuration deice 复选框,并选择配置器件为 EPCS4;再选中 General compressed bitstreams 复选框,产生用于 EPCS 的 POF 压缩配置文件;在 Configuration scheme 选项中选择编程模式为 Active Serial 主动串行模式。

3. 选择目标芯片闲置引脚的状态

在 Device and Pin Options 对话框中选择 Unused Pins 选项卡,在 Reserve all unused pins 下拉列表框中选择 As output driving ground,使芯片闲置引脚为输出状态呈低电。

4. 启动全局编译

单击 Device and Pin Options 对话框中的确定钮,单击 Setting 对话框中的 OK 按钮,退出编译的设置状态。选择菜单 Processing→Start Compilation 命令,启动全局编译。

5. 引脚分配

将数字时钟系统顶层文件生成电路符号如图 8-2 所示,根据其外部接口按照表 8-1 进行引脚分配。

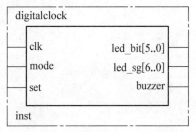

图 8-2　数字时钟系统电路符号

表 8-1　digitalclock 项目工程文件的器件引脚分配表

序号	设计文件引脚名称	器件引脚名称	序号	设计文件引脚名称	器件引脚名称
1	clk	PIN_5	10	led_sg(6)	PIN_59
2	mode	PIN_130	11	led_sg(5)	PIN_61
3	set	PIN_129	12	led_sg(4)	PIN_64
4	led_bit(5)	PIN_31	13	led_sg(3)	PIN_68
5	led_bit(4)	PIN_34	14	led_sg(2)	PIN_70
6	led_bit(3)	PIN_39	15	led_sg(1)	PIN_72
7	led_bit(2)	PIN_43	16	led_sg(0)	PIN_74
8	led_bit(1)	PIN_46	17	buzzer	PIN_76
9	led_bit(0)	PIN_57			

6. 锁定引脚

选择菜单 Assigments→Assigment Editor 命令,进入 Assigment Editor 编辑窗口,在 Category 目录中单击 Pin 按钮,在引脚编辑窗口中分别对数字时钟系统项目中的各个引脚进行锁定并保存,然后进行再次编译,将引脚锁定信息编译进编程下载文件中。

7. 连接硬件电路

根据数字时钟系统顶层电路图,将 mode 按键、set 按键、buzzer 蜂鸣器、6 位 LED 数码管与 FPGA 器件进行连接。

8. 配置文件下载

选择菜单 Tool→Programmer 命令,在 Hardware setup 选项卡上选择 USB-Blaster,在 Mode 下拉框中选择 JTAG,选择下载文件 digitalclock.sof,单击 Start 按钮,进行文件下载。下载后,通电运行,进行器件配置操作。

完成数字时钟系统 FPGA 硬件实现。

Turbo 码编译码算法开发设计的 FPGA 实现

基本任务:

(1) 理解清楚 Turbo 码编译码算法方案的设计要素、目标、实现过程和验证方法,基于硬件描述语言 VHDL 设计系统方案实现的程序。

(2) 通过 Quartus Ⅱ 应用软件和开发环境的配套软件,建立设计项目、编辑编译调试程序、进行系统方案功能仿真与测试。

(3) 掌握综合系统的硬件描述语言 VHDL 的程序设计方法和技巧,掌握综合系统 VHDL 程序的分步、分块、综合调试和测试。

(4) 熟悉综合系统 FPGA 实现的方法、流程及关键问题。

Turbo 码编译码器的硬件实现主要有三种方案:使用 DSP 器件实现;使用 FPGA 器件实现;使用 ASIC 专用芯片实现。由于 FPGA 适合进行乘法和累加等重复性的运算,适合进行高速数字信号处理计算,并且可用 VHDL 硬件描述语言来实现 Turbo 码的编译码算法,本项目采用 Altera 公司的 Quartus Ⅱ 设计平台进行 Turbo 的编码器及译码器实现,根据自顶向下的设计流程,使用 VHDL 硬件描述语言,仿真采用的目标器件为 Altera 公司的 FPGA 芯片 Stratix Ⅲ,综合布局布线以及静态时序分析采用的工具为 Quartus Ⅱ 版本的内置工具。

9.1 Turbo 码编码器设计

9.1.1 分量编码器的设计

Turbo 编码器使用 RSC(递归系统卷积码)作为分量编码器。初始和交织后的两路系统比特,经过分量编码器生成校验位,存入输出缓存器等待输出。RSC 编码器由编码器总体控制器控制,进行同步编码和归零操作。

RSC 编码器由三个移位寄存器、四个模 2 加法器和一个选择开关组成。时序仿真结果如图 9-1 所示。选择开关用于完成分量编码器的网格截断。当一帧数据到来时,选择开关指向与信息序列相连端,RSC 编码器进行正常编码。当一帧数据编码完成,选择开关指向反馈位置,此时通过反馈的自异或来产生零比特。经过 3 个时钟周期后,分量编码器完成网格截断。

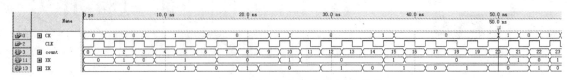

图 9-1　RSC 编码器时序仿真结果

在图 9-1 中,选择测试的帧长为 40 bits。前 40 个时钟周期 RSC 编码器进行正常编码。在第 41~43 个时钟周期内,RSC 编码器输出 3 位尾比特,如图 9-2 所示。

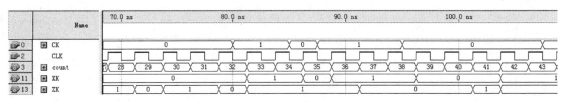

图 9-2　RSC 编码器的尾比特输出(第 41~43 个时钟周期)

9.1.2　交织器的设计

交织器给 Turbo 码带来优异的译码性能;与此同时,也增加编译码器的实现复杂度以及译码延时,制约 Turbo 码在高速实时通信系统中的应用。因此,设计简单高效的交织器,对于降低硬件实现复杂度,减小译码延时时间具有重要意义。在交织器设计部分,分别给出基于定长和变长的交织实现方案。

1. 定长交织实现方案

LTE 标准的信息帧长从 40 bits 到 6 144 bits,如果将整个交织算法设计成运算单元映射到 FPGA 中,需要消耗较多的逻辑单元,且计算交织图样将产生一定的延时,增加交织器的硬件实现复杂度和译码延时。因此,在进行交织器的 FPGA 设计时,可通过编程语言,预先计算出交织图样,生成 LPM_ROM 的初始文件(采用.mif 文件形式保存)。在编码过程中采用查表的方式从 LPM_ROM 中得到交织的映射关系,再从 RAM 中取得交织后的信息序列。

为保证交织器能持续的工作,方案采用乒乓操作,即采用两个 RAM 交替工作,当向一个 RAM 写数据时,另一个 RAM 用于读数据;反之亦然。这样使编码过程效率提高,但由于第一帧数据须全部写入 RAM 后,才能根据映射关系得到交织后的序列。因此,交织器至少延时一个帧长。

方案采用的帧长为 40 bits,交织器的交织后的信息序列仿真如图 9-3 所示。

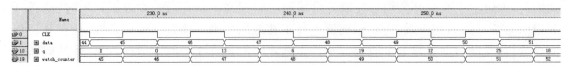

图 9-3　定长交织器的仿真结果

在图 9-3 中,为验证交织的正确性,信息序列 data 采用从 0 开始的正整数,递增步长为 1,因此信息序列的输入为 0,1,2,…,39。根据仿真结果,从第 46 个周期开始,交织器开始输出序列。

2. 变长交织实现方案

变长交织器模块用于产生交织或者解交织过程中所用到的交织地址,并将交织地址存于 RAM 中以供后续并行交织器调用。变长交织器模块仿真结果如下,采用 40 bits 的信息序列帧长。

图 9-4 中,wr_en_in 表示输入写使能信号,re_en_in 表示输入读使能信号,wr_add 表示模块内生成写地址,data_out 表示计算出的交织地址。仿真结果表明,当写使能信号有效时,模块计算出的交织地址正确,但存在一个周期的延时。

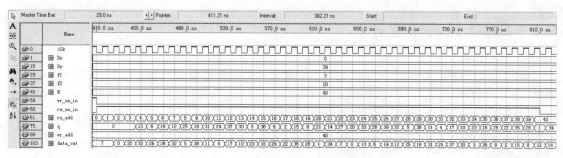

图 9-4 产生交织地址时序

图 9-5 中,为适用于并行交织,分别用 Dx,Dy 表示输入的取址地址范围。当 re_en_in 信号有效时,输出的结果值正确,但存在两个周期的延时。

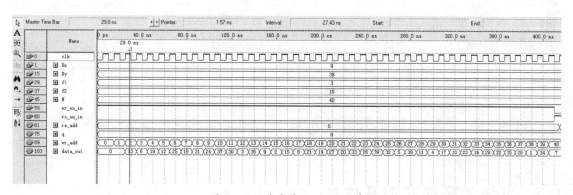

图 9-5 读出交织地址时序

9.1.3 复接器的设计

复接器用于并串转换,将信息位和两路校验位依次输出,得到一帧完整的发送序列。

方案对输入信号采用三分频模块作为信息序列的时钟输入,而复接器采用原始时钟周期,从而实现在1个时钟周期内选择3路并行的输入并将其复接成一路输出。复接器的时序仿真结果如图9-6所示。

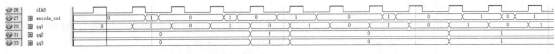

图9-6 复接器仿真结果

在图9-6中,qq1,qq2,qq3分别对应三路输入,encode_out表示复接后的输出,整个三路的输入从图中蓝色竖线的左边一个上升沿时钟周期开始,但由于要延时一个时钟周期,复接后的输出是从图中蓝色竖线对应的时刻开始。

9.2 SISO 译码器设计

SISO译码模块是译码器的核心模块,内部按功能主要划分为Alpha计算模块、Alpha存储模块、Beta计算模块、Beta存储模块、对数似然比和外信息计算模块。其中Alpha计算模块和Beta计算模块都嵌入对应的Gamma计算模块。译码系统使用两级SISO译码器进行迭代译码,其中译码器采用Max-Log-MAP算法译码,时序仿真结果如图9-7所示。

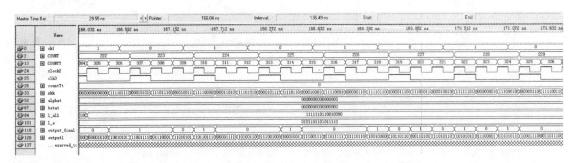

图9-7 译码时序图

ck1表示输入序列,为40 bits交替的"0"和"1"信号流。output_final表示硬判决后的译码结果。

9.3 算法的硬件实现及仿真

9.3.1 优化算法的 FPGA 实现

使用基于分段拟合的函数逼近,可以将Jacobian公式的对数运算近似转换为线性乘法与加法运算,在逼近Log-MAP算法性能条件下有效降低运算复杂度。本节给出优化算法的FPGA

实现方法。

以 Alpha 模块计算为例。在 Max-Log-MAP 算法中,Alpha 计算模块的反馈结构里存储 ex_alpha0-ex_alpha7(16 位补码)作为上一时刻的 8 个前向度量值,pr_alpha0-pr_alpha7(16 补码)作为当前时刻的 8 个前向度量值。因此,每一个当前时刻前向度量 pr_alpha 是 gamma(t)+ex_alpha(t)(t=0~7)中的最大值。gamma 计算亦与网格中的状态转移量有关,而初始化所有的 gamma 为负无穷,因此每一个当前时刻前向度量只与两组 gamma(t)+ex_alpha(t)值有关(这里推算出四种 gamma 可能取值 gamma1~gamma4),如 pr_alpha0=max(ex_alpha0+gamma1,ex_alpha4+gamma3)。

而改进算法在此基础上增加如下的改进:根据线性拟合公式,改进算法的 pr_alpha 计算仍只与两组 ex_alpha+gamma 相关。比如,在计算 pr_alpha0 时,先保存 tem_sum=max(ex_alpha0+gamma1,ex_alpha4+gamma3);然后取(ex_alpha0+gamma1-ex_alpha4+gamma3)的绝对值。根据拟合函数表达式,使原有的 pr_alpha0=max(ex_alpha0+gamma1,ex_alpha4+gamma3)变换为 pr_alpha0=fun(ex_alpha0+gamma1,ex_alpha4+gamma3)。然而,增加计算项后,也相应提高了系统的复杂度。

优化算法的仿真结果如图 9-8 所示。

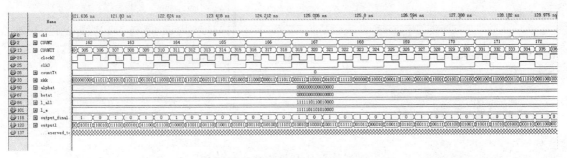

图 9-8　优化算法仿真结果图

ck1 表示输入序列,为 40 bits 交替的“0”和“1”信号流。output_final 表示硬判决后的译码结果。误码率统计结果表明,优化算法性能优于 Max-Log-MAP 算法。

9.3.2　并行交织器的 FPGA 实现

在并行译码中,并行子译码器分别向 4 个独立的存储器进行读写操作。译码器从 4 块存储器顺序读出数据,根据并行交织器计算得到的地址,将运算结果存入存储器,下一级并行子译码器在读取外信息时仍可以从存储器中顺序读出数据。

从结构而言,并行译码时的交织器应类似并行译码器,分为 4 个并行子交织器,分别与子译码器相对应。但实际设计中,并行交织器只是一个控制读取地址的独立模块,这个读取数据的地址由分块号和块内地址来决定,即当译码器顺序读取数据时,实际由并行交织器按时钟的顺序决定该读取哪一块存储器的地址。其计算有以下特点：

（1）同一时钟周期下，四块存储器被读取的块内地址相同，即并行交织器输出的地址值在同一时钟序号下是唯一的；但分块号是[0,3]内的互不相同的4个值。

（2）并行交织器内地址的计算与并行译码模块无关，仅与编码器的交织器有关，即当编码器的交织器在确定帧长信息后，计算所得的交织映射表是并行交织器所需要的输入信息。

这两个特点不仅保证交织器的无冲突性，同时还提高交织器的运算效率，使其不会影响并行译码器的延时。

如图9-9所示，并行交织器分为三个模块。各模块的具体设计如下：

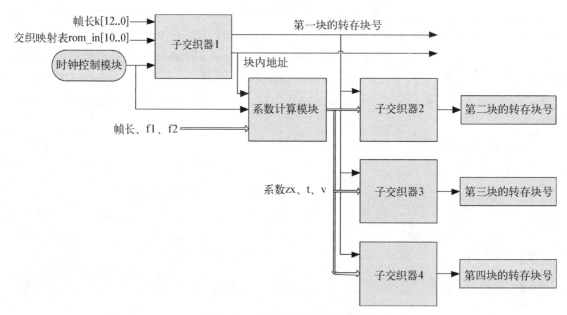

图9-9　并行交织模块结构图

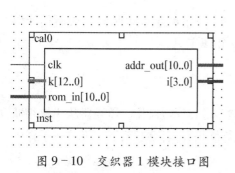

图9-10　交织器1模块接口图

1. 子交织器1

如图9-10所示。k[12..0]为帧长，rom_in[10..0]为交织映射表的前k/4个值，即交织前的序号。通过该模块的计算，得到该时钟周期对应的数据在存储器中的地址 addr_out[10..0]，以及第一块存储器内的数据在交织器作用后写入的分块号 i[3..0]。

2. 系数计算模块

如图9-11所示。根据计算公式

$$I(x' + kl) = [I(x) + (2f_2kx' + f_1k + f_2k^2l) \bmod K] \bmod 4$$

式中，x' 表示子交织器1计算得到的地址值 addr_out[10..0]；k 表示交织器的分块号，值域为

$[0,3]$；$I(x)$ 表示子交织器 1 计算得到的第一块存储器内的数据在交织器作用后写入的分块号。该模块需要计算的值为：

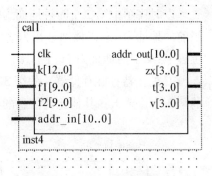

图 9 - 11　系数计算模块接口图

（1）$2f_2kx'$，以 $zx[3..0]$ 作为输出。

（2）f_1k，以 $t[3..0]$ 作为输出。

（3）f_2k^2l，以 $v[3..0]$ 作为输出。

3. 子交织器 2、子交织器 3 和子交织器 4

图 9 - 12 中 $i[3..0]$ 的输出分别表示第二、第三、第四块存储器内的数据在交织器计算后待写入的分块号。

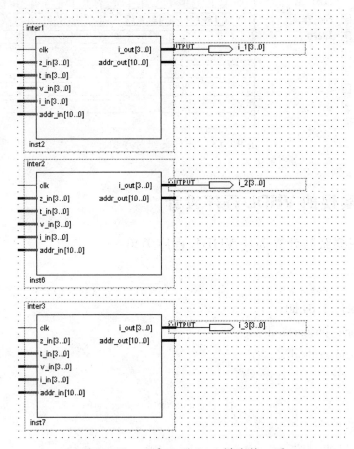

图 9 - 12　子交织器 2~4 模块接口图

并行交织器的时序仿真结果如图 9 - 13 所示。仿真时，帧长设定为 40 bits。因为并行交织器分四块，只需前 10 个比特的交织映射表，即可计算得到 40 bits 信息在交织器作用后的存储地址，即在 10 个时钟周期内完成 40 bits 的交织运算。

以时序图中第二个时钟周期为例,仿真结果分析如图 9-13。交织后地址为 1 的比特在交织前的地址为 13,以该地址作为输入信息,得到交织后地址为 1 的比特存在存储器 2 的第 3 个位置上;交织后地址为 11(1+1*10)的比特存在存储器 1 的第 3 个位置上;交织后地址为21(1+2*10)的比特存在存储器 4 的第 3 个位置上;交织后地址为 31(1+3*10)的比特存在存储器 3 的第 3 个位置上。其他比特信息的存储位置可以此类推而得到。

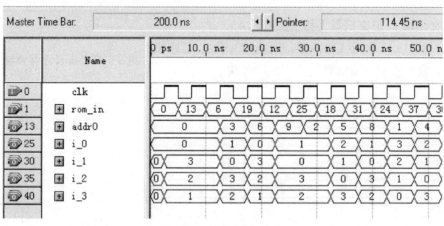

图 9-13 并行交织时序图

9.4 FPGA 实现的 VHDL 程序设计

9.4.1 并行交织器系数计算模块 VHDL 程序清单

```
library ieee;
use ieee.std_logic_1164.all;
use ieee.std_logic_unsigned.all;
use ieee.std_logic_arith.all;

entity cal1 is
    port(
        clk: in std_logic;
        k : in std_logic_vector(12 downto 0): ="0000000101000";
        f1 : in std_logic_vector(9 downto 0): ="0000000011";
        f2 : in std_logic_vector(9 downto 0): ="0000001010";
        addr_in : in std_logic_vector(10 downto 0);
```

```
        addr_out: out std_logic_vector( 10 downto 0) ;
        zx : out std_logic_vector( 3 downto 0) ;
        t : out std_logic_vector( 3 downto 0) ;
        v : out std_logic_vector( 3 downto 0)
        ) ;
end cal1 ;

architecture behave of cal1 is
signal temp_zx : integer range 0 to 3100000 ;
signal temp_t : integer range 0 to 500 ;
signal temp_v : integer range 0 to 1600000 ;
signal a : integer range 0 to 1600 ;
begin
process( clk , k , f1 , f2 , addr_in )
begin
a< = conv_integer( addr_in) ;
temp_zx< = ( 2 * conv_integer( f2) * a) mod conv_integer( k) ;
temp_t< = conv_integer( f1) mod 4 ;
temp_v< = ( conv_integer( f2) * ( conv_integer( k)/4) ) mod 4 ;

if clk'event and clk = '1' then
zx( 3) < = conv_std_logic_vector( temp_zx ,4) ( 3) ;
zx( 2) < = conv_std_logic_vector( temp_zx ,4) ( 2) ;
zx( 1) < = conv_std_logic_vector( temp_zx ,4) ( 1) ;
zx( 0) < = conv_std_logic_vector( temp_zx ,4) ( 0) ;

t( 3) < = conv_std_logic_vector( temp_t ,4) ( 3) ;
t( 2) < = conv_std_logic_vector( temp_t ,4) ( 2) ;
t( 1) < = conv_std_logic_vector( temp_t ,4) ( 1) ;
t( 0) < = conv_std_logic_vector( temp_t ,4) ( 0) ;

v( 3) < = conv_std_logic_vector( temp_v ,4) ( 3) ;
v( 2) < = conv_std_logic_vector( temp_v ,4) ( 2) ;
v( 1) < = conv_std_logic_vector( temp_v ,4) ( 1) ;
```

v(0)<=conv_std_logic_vector(temp_v,4)(0);

addr_out<=addr_in;

end if;

end process;

end;

9.4.2 并行交织器子交织器 1 的 VHDL 源程序清单

library ieee;

use ieee.std_logic_1164.all;

use ieee.std_logic_unsigned.all;

use ieee.std_logic_arith.all;

entity cal0 is
  port(
    clk：in std_logic;
    k ：in std_logic_vector(12 downto 0)：="0000000101000";
    f1 ：in std_logic_vector(9 downto 0)：="0000010101";
    f2 ：in std_logic_vector(9 downto 0)：="0001111000";
    rom_in ：in std_logic_vector(10 downto 0);
    addr_out：out std_logic_vector(10 downto 0);
    i ：out std_logic_vector(3 downto 0);
    zx ：out std_logic_vector(3 downto 0);
    --t ：out std_logic_vector(3 downto 0);
    -v ：out std_logic_vector(3 downto 0)
    );
end cal0;

architecture behave of cal0 is

signal temp_i ：integer range 0 to 6200;

signal temp_addr ：integer range 0 to 1600;

begin

process(clk,k,rom_in)

```
begin
temp_i<=conv_integer(rom_in)/(conv_integer(k)/4);
temp_addr<=conv_integer(rom_in)-temp_i*(conv_integer(k)/4);
if clk'event and clk='1' then

i<=conv_std_logic_vector(temp_i,4);
addr_out<=conv_std_logic_vector(temp_addr,11);
end if;
end process;
end;
```

9.4.3　LLR 模块 VHDL 源程序

```
library ieee;
use ieee.std_logic_1164.all;
use ieee.std_logic_unsigned.all;
use work.pack_max.all;
use work.pack_mul.all;
use work.pack_max8.all;

entity l_all is
port（
        clk : in  std_logic;
        alpha0: in std_logic_vector(15 downto 0);
        alpha1: in std_logic_vector(15 downto 0);
        alpha2: in std_logic_vector(15 downto 0);
        alpha3: in std_logic_vector(15 downto 0);
        alpha4: in std_logic_vector(15 downto 0);
        alpha5: in std_logic_vector(15 downto 0);
        alpha6: in std_logic_vector(15 downto 0);
        alpha7: in std_logic_vector(15 downto 0);
        beta0 : in std_logic_vector(15 downto 0);
        beta1 : in std_logic_vector(15 downto 0);
        beta2 : in std_logic_vector(15 downto 0);
```

```vhdl
        beta3 : in std_logic_vector(15 downto 0);
        beta4 : in std_logic_vector(15 downto 0);
        beta5 : in std_logic_vector(15 downto 0);
        beta6 : in std_logic_vector(15 downto 0);
        beta7 : in std_logic_vector(15 downto 0);
        xk : in STD_LOGIC_VECTOR(15 DOWNTO 0);
        zk : in STD_LOGIC_VECTOR(15 DOWNTO 0);
        l_a : in STD_LOGIC_VECTOR(15 DOWNTO 0);
        l_all : out STD_LOGIC_VECTOR(15 DOWNTO 0);
        l_e : out STD_LOGIC_VECTOR(15 DOWNTO 0)
        );
end l_all;


architecture behave of l_all is
shared    variable gamma1:std_logic_vector(15 downto 0);
shared    variable gamma2:std_logic_vector(15 downto 0);
shared    variable gamma3:std_logic_vector(15 downto 0);
shared    variable gamma4:std_logic_vector(15 downto 0);
shared    variable temp0_0:std_logic_vector(15 downto 0);
shared    variable temp0_1:std_logic_vector(15 downto 0);
shared    variable temp0_2:std_logic_vector(15 downto 0);
shared    variable temp0_3:std_logic_vector(15 downto 0);
shared    variable temp0_4:std_logic_vector(15 downto 0);
shared    variable temp0_5:std_logic_vector(15 downto 0);
shared    variable temp0_6:std_logic_vector(15 downto 0);
shared    variable temp0_7:std_logic_vector(15 downto 0);
shared    variable temp1_0:std_logic_vector(15 downto 0);
shared    variable temp1_1:std_logic_vector(15 downto 0);
shared    variable temp1_2:std_logic_vector(15 downto 0);
shared    variable temp1_3:std_logic_vector(15 downto 0);
shared    variable temp1_4:std_logic_vector(15 downto 0);
shared    variable temp1_5:std_logic_vector(15 downto 0);
shared    variable temp1_6:std_logic_vector(15 downto 0);
shared    variable temp1_7:std_logic_vector(15 downto 0);
```

```
shared    variable temp0_max:std_logic_vector(15 downto 0);
shared    variable temp1_max:std_logic_vector(15 downto 0);
shared    variable max_s :std_logic_vector(15 downto 0);
shared    variable l_al:std_logic_vector(15 downto 0);
    begin
process(clk)
    begin
    if clk'event and clk = '1' then
    if(l_a(15)= '0') then
    max_s := l_a;
    else
    max_s := "0000000000000000";
    end if;
gamma1 := mul("1111111101000000",xk)+mul("1111111101000000",zk)-max_s;
gamma2 := mul("1111111101000000",xk)+mul("0000000011000000",zk)-max_s;

gamma3 := mul("0000000011000000",xk)+mul("0000000011000000",zk)+l_a-max_s;
gamma4 := mul("0000000011000000",xk)+mul("1111111101000000",zk)+l_a-max_s;

temp0_0 := gamma1+alpha0+beta0;
temp0_1 := gamma1+alpha4+beta1;
temp0_2 := gamma2+alpha1+beta2;
temp0_3 := gamma2+alpha5+beta3;
temp0_4 := gamma2+alpha6+beta4;
temp0_5 := gamma2+alpha2+beta5;
temp0_6 := gamma1+alpha7+beta6;
temp0_7 := gamma1+alpha3+beta7;

temp1_0 := gamma3+alpha4+beta0;
temp1_1 := gamma3+alpha0+beta1;
temp1_2 := gamma4+alpha5+beta2;
temp1_3 := gamma4+alpha1+beta3;
temp1_4 := gamma4+alpha2+beta4;
temp1_5 := gamma4+alpha6+beta5;
```

```
temp1_6 := gamma3+alpha3+beta6;
temp1_7 := gamma3+alpha7+beta7;

temp0_max := max8(temp0_0,temp0_1,temp0_2,temp0_3,temp0_4,temp0_5,temp0_6,
temp0_7);
temp1_max := max8(temp1_0,temp1_1,temp1_2,temp1_3,temp1_4,temp1_5,temp1_6,
temp1_7);

l_al := temp1_max-temp0_max;
l_e <= l_all+mul("1111111010000000",xk);
l_all <= l_al;
l_e <= l_al+mul("1111111010000000",xk)-l_a;
   end if;
   end process;
   end;
```

电梯控制器系统设计的 FPGA 实现

基本任务:

（1）理解清楚电梯控制器系统方案的设计要素、目标、实现过程和验证方法,基于硬件描述语言 VHDL 设计系统方案实现的程序。

（2）通过 Quartus Ⅱ 应用软件和开发环境的配套软件,建立设计项目、编辑编译调试程序、进行系统方方案功能仿真与测试。

（3）掌握综合系统的硬件描述语言 VHDL 的程序设计方法和技巧,掌握综合系统 VHDL 程序的分步、分块、综合调试和测试。

（4）熟悉综合系统 FPGA 实现的方法、流程及关键问题。

10.1　系统方案设计

设计一个 4 层建筑的电梯控制器系统,要求:

（1）每层电梯入口设有上/下请求开关,电梯内设有到达楼层请求开关。

（2）电梯每 5 s 升(降)一层。

（3）电梯到达有请求的楼层自动开门,并有定时关门和紧急状态紧急停止运行的功能。

（4）能记忆电梯内外所有请求信号,并按照电梯运行规则按顺序响应,每个请求信号留至执行完后消除。

（5）电梯运行规则——当电梯处于上升模式时,只响应比电梯所在位置高的上楼请求信号,由下而上逐个执行,直到最后一个上楼请求执行完毕;如果高层有下楼请求,则直接升到有下楼请求的最高楼层,然后进入下降模式。当电梯处于下降模式时,则与上升模式时的处理过程相反。

根据设计要求,可以得到电梯控制器系统的总体结构,如图 10-1 所示。该系统包括数据采集模块、信号存储模块、中央处理模块、控制输出与显示模块。数据

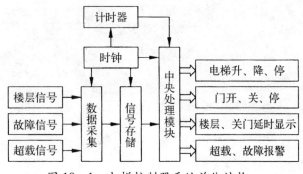

图 10-1　电梯控制器系统总体结构

采集模块负责采集用户通过按键输入的请求信号、光敏传感器采集的到达楼层信号和压力传感器采集的超载信号;信号存储模块负责存储电梯内外及各层用户的请求信号和故障、超载信号;中央处理模块处理电梯运行中的各种状态,在电梯运行过程中对信号存储模块的用户请求数据进行比对,从而确定电梯的运行状态;显示模块主要显示电梯所在楼层、电梯运行方向和关门延时等;控制输出主要有电梯的升、降、停和门的开、关、停以及故障报警等。

10.2 系统 VHDL 程序设计

10.2.1 中央处理模块

中央处理模块是系统的核心,通过对存储的数据(包括用户请求、到达楼层和故障、超载等信号)进行比较、判断,进而控制系统状态的转换。电梯工作过程中共有 4 种状态:第一层、第二层、第三层、第四层。而每种状态都有等待、上升、下降、开关门、超载报警以及紧急停止动作(第一层无下降动作,第四层无上升动作)。一般情况下,电梯工作起始点是第一层,起始状态是等待状态,启动条件是收到上升请求信号。系统的状态转换图如图 10-2 所示。图中超载状态时电梯关门动作取消,本系统由请求信号启动,运行中每检测到一个到达楼层信号,就将信号存储器的请求信号与楼层状态信号进行比较,再参考原方向信号来决定是否停止、转向等动作。

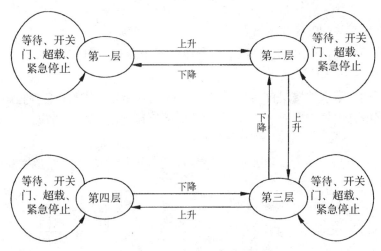

图 10-2　系统状态转换图

系统输入/输出端口为:

port(
　　clk:in std_logic;　　　　　　　　　　　　──时钟信号(频率为 2 Hz)
　　o_u1,o_u2,o_u3:in std_logic;　　　　　　──电梯外人的上升请求信号

```
o_d2,o_d3,o_d4:in std_logic;              --电梯外人的下降请求信号
in1,in2,in3,in4:in std_logic;             --电梯内的请求信号
led:out st_logic_vector(3 downto 0);      --电梯所在楼层显示
led_c:out integer range 0 to 15;          --开关门延时
led ud:out integer range 0 to 15;         --上升和下降指示
stop,overload:in std_logic;               --紧急停止运行、超载信号
);
```

电梯控制器系统实体的框图见图 10-3。

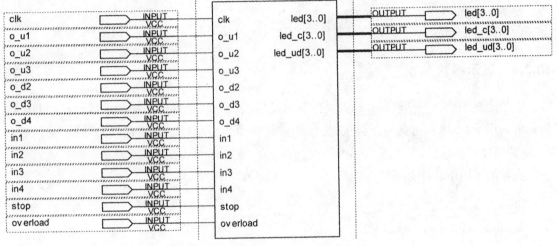

图 10-3　电梯控制器系统实体框图

10.2.2　数据采集模块

数据采集模块的功能是实时、准确地采集外部信号,以便准确、实时地捕捉楼层到达信号、用户请求信号和超载信号等,有效防止对楼层到达信号和外部请求信号的误判。由于外界干扰,电路中会出现毛刺现象,使信号的纯净度降低,单个的毛刺往往会被错误地当成系统状态转换的触发信号,从而严重影响电梯的正常工作。为了增强系统的抗干扰能力,提高电梯工作的可靠性,可以采用多次检测的方法,即对一个信号连续进行多次采样,以保证信号的可信度,采用按键输入模拟此模块来完成相应的功能。在实际应用中需包含此功能模块。外部请求信号和紧急停止信号的输入形式为按键输入,电梯自动上升或下降时间为 5 s,超载信号由压力传感器来检测。

10.2.3　信号存储模块

电梯控制器的输入请求信号有 10 个(电梯外有 3 个上升请求和 3 个下降请求的用户输入

端口,电梯内有 4 个用户请求输入端口),由于系统对内、外请求没有设置优先级,各楼层的内、外请求信号被采集后可先进行运算,再存到存储器内,但对请求信号的响应有一定的优先级,即当电梯处于上升模式时,只响应比电梯所在的位置高的上楼请求信号,由下而上逐个执行,直到最后一个上楼请求执行完毕;如果高层有下楼请求,则直接升到有下楼请求的最高楼层,然后进入下降模式。当电梯处于下降模式时则与上升模式相反。电梯运行过程中,由于用户请求信号

的输入是离散的,而且系统对请求的响应也是离散的,因此,请求信号的存储要保证新的请求信号不能覆盖原来的请求信号,只有当响应动作完成后才能清除存储器内对应的请求信号位。对应某一楼层的请求信号的存储、清除电路如图 10-4 所示。

图 10-4　请求信号操作电路图

10.2.4　显示模块

系统的显示输出包括楼层显示及关门延时显示(若需要,还可以增加请求信号显示和电梯运动方向指示)。电梯每到一新楼层时,楼层数码管便会更新显示为新楼层的层数;关门时会有 3s 的倒计时显示。

完整的 VHDL 程序如下:

```
library  ieee;
use ieee.std_logic_1164.all;
use ieee.std_logic_unsigned.all;
use ieee.std_logic_arith.all;

entity dianti is
    port( clk:in std_logic;                          --时钟信号(频率为 2 Hz)
          o_u1,o_u2,o_u3:in std_logic;               --电梯外人的上升请求信号
          o_d2,o_d3,o_d4:in std_logic;               --电梯外人的下降请求信号
          in1,in2,in3,in4:in std_logic;              --电梯内的请求信号
          led:out st_logic_vector( 3 downto 0);      --电梯所在楼层显示
          1ed_c:out integer range 0 to 15;           --开关门延时
          1ed ud:out integer range 0 to 15;          --上升和下降指示
          stop,overload:in std_logic;                --紧急停止运行、超载信号
          );
    end diant;
```

```
architecture behav of dianti is
signal opendoor:std_logic;                    --开门使能信号
signal updown:std_logic;                       --电梯运行方向信号寄存器
signal en_up,en_dw:std_logic;                 --预备上升、预备下降预操作使能信号
type state is(g1,g2,g3,g4);
signal g:state;
signal en:std_logic;           --电梯下一步动作使能;0进行动作上升,下降,开关门

begin
reg:process(clk,en,stop,overload);
variable in1_r,in2_r,in3_r,in4_r:std_logic;        --电梯内人请求信号寄存信号
variable o_u1_r,o_u2_r,o_u3_r:std_logic;           --电梯外人上升请求信号寄存信号
variable o_d2_r,o_d3_r,o_d4_r:std_logic;           --电梯外人下降请求信号寄存信号
variable in_all,o_u_all,o_d_all,o_i_all:std_logic_vector(3 downto o);
                                                   --电梯内外请求信号寄存器

begin
if clk'event and clk='1' then
if in1='1'then in1_r:='1';end if;          --对电梯内人请求信号进行检测和寄存
if in2='1'then in2_r:='1';end if;
if in3='1'then in3_r:='1';end if;
if in4='1'then in4_r:='1';end if;

if o_d1='1'then o_d1_r:='1'; end if;       --对电梯外人上升请求信号进行检测和寄存
if o_d2='1'then o_d2_r:='1'; end if;
if o_d3='1'then o_d3_r:='1'; end if;

if o_u1='1'then o_u1_r:='1'; end if;       --对电梯外人下降请求信号进行检测和寄存
if o_u2='1'then o_u2_r:='1'; end if;
if o_u3='1'then o_u3_r:='1'; end if;

in_all:=in4_r & in3_r & in2_r & in1_r;     --电梯内人请求信号并置
o_u_all:='0'& o_u3_r & o_u2_r & o_u1_r;    --电梯外人上升请求信号并置
o_d_all:=o_d4_r& o_d3_r & o_d2_r & '0';    --电梯外人下降请求信号并置
o_i_all:=in_a11 or o_u_a11 or o_d_all;     --电梯内、外人请求信号进行综合
```

233

```
end if;
if( clk'event and clk ='1 ' and en ='1'and stop:='0'and overload='0') then
case g is
when g1 =>led<="0001";                    --电梯到达 1 楼,数码管显示 1
if in1_r='1'or o_u1_r='1' then             --有当前层的请求,则电梯进入开门状态
in1_r:='0';o_u1_r:='0';
en_up<='o';en_dw<='0';opendoor<='1';g<=g1;
elsif o_i_all="0000" then                  --无请求时,电梯停在 1 楼待机
en_up<='0';an_dw<='0';opendoor<='0';g<=g1;

elsif o_i_all>"0001" then                  --有上升请求,则电梯进入预备上升状态
en_up<='1';en_dw<='0';opendoor<='0';g<=g2;
end if;
when g2 =>led<="0010";                     --电梯到达 2 楼,数码管显示 2
if updown ='1 ' then                       --电梯前一运动状态位上升
if in2_r='1'or o_u2_r='1' or o_d2_r:='1'then
                                           --当前层有请求,电梯进入开门状态
in2_r:='0';o_u2_r:='0';o_d2_r:='0';
en_up<='0';en_dw<='0';opendoor<='1';g<=g2;
elsif o_i_all="0000"then
en_up<='0';an_dw<='0';opendoor<='0';g<=g2;
elsif o_i_all>"0011"then                   --有上升请求,则电梯进入预备上升状态
en_up<='1';en_dw<='0;opendoor<='0';g<=g3;  --无请求时,电梯停在 2 楼待机
elsif o_i_all<"0010"then                   --有下降请求,则电梯进入预备下降状态
en_up<='0';en_dw<='1';opendoor<='0';g<=g1;
end if;
else                                       --电梯前一运动状态为下降
if in2_r='1'or o_d2_r='1'or o_u2_r='1'then --当前层有请求,电梯进入开门
in2_r:='0';o_d2_r:='0';o_u2_r:='0';
en_up<='0';en_dw<='0';opendoor<='1';g<=g2;
elsif o_i_all="0000" then
en_up<='0';en_dw<='0';opendoor<='0';g<=g2;
                                           --无请求时,电梯停在 2 楼待机
elsif o_i all<"0010" then                  --有下降请求,则电梯进入预备下降状态
```

```
en_up<='0';en_dw<'1';opendoor<='0';g<=g1;
elsif o_i_all>"0011" then                    --上升请求,则电梯进入预备上升状态
en_up<='1';en_dw<=0;opendoor<='0';g<=g3;
end if;
end if;
when g3=>led<="0011";                         --电梯到达3楼,数码管显示3
if updown='1' then
    if in3_r='1'or o_u3_r='1'or o_d3_r='1' then
    in3_r:='0';o_u3_r:='0'; o_d3_r:='0';en_up<=0;en_dw<=0;opendoor<='0';g<=g3;
elsif o_i_all="0000" then
    en_up<='0';en_dw<='0';opendoor<='o';g<=g3;
elsif o_i_all>"0111" then en_up<='1';
    en_dw<='0';opendoor<='o';g<=g4;
elsif o_i_all<"0100" then en_up<='0';
    en_dw<='1';opendoor<='o';g<=g2;
end if;
else
if in3_r='1'or o_d3_r:='1'or o_u3_r='1' then
in3_r:='0';o_u3_r:='0'; o_u3_r:='0';en_up<=0;en_dw<=0;opendoor<='1';g<=g3;
elsif o_i_all="0000" then
en_up<='0';en_dw<='0';opendoor<='0';g<=g3;
elsif o_i_all<"0100" then
en_up<='0';en_dw<='1';opendoor<='0';g<=g2;
elsif o_i_all>"0111" then
en_up<='1';en_dw<='0';opendoor<='o';g<=g4;
    end if;
end if;
when g4=>led<="0100";                         --电梯到达4楼,数码管显示4
    if in4_r='1'or o_d4_r='1' then
    in4_r:='0';o_d4_r:='0';en_up<=0;en_dw<=0;opendoor<='1';g<=g4;
elsif o_i_all="0000" then
en_up<='0';en_dw<='0';opendoor<='o';g<=g4;
elsif o_i_all<"1000" then
en_up<='0';en_dw<='1';opendoor<='o';g<=g3;
```

```
        end if；
    when others=>null； en_up<='0'；en_dw<='0'；              --电梯进入上升或下降状态
    end case；
    end if；
end process；


com：process（en_up，en_dw，opendoor，stop，overload）
variable v_en：std_logic；
variable t1：integer range 0 to 3；                           --开关门延时计数器
variable t2：integer range 0 to 5；                           --开关门延时计数器
variable flag：std_logic；
begin
    if（stop='0'and overload='0'）then
        if（en_up or en_dw or opendoor）='0'）then
            v_en：='1'；
        else v_en：='0'；
        if opendoor='1'then
            if（t1=0 and flag='0'）then
            flag：='0'；t1：=3；
            elsif（t1=0 and flag='1'）then
                v_en：='1'；flag：='0'；
            else
                t1：=t1-1；                                    --开门操作
            end if：
        elsif（en_up='1'）then                                 --上升预操作
            t1：= 0；flag：='0'：
            updown<='1'；
        if（t2=5）then
            v_en：='1'；t2：= 0；
        else
        t2：= t2+1；                                          --开门操作
        end if；
        elsif en_dw='1' then                                  --下降预操作
        t1：=0；flag：='0'；
```

```
            updown<='0';
            if(t2=5)then
               v_en:='1';t2:=0;
            else
               t2:=t2+1;                                    --开门操作
            end if;
          end if;
        end if;
      end if;
      en<=v_en;
      led_c<=t1;
    end process;
  end behav;
```

10.3　系统 FPGA 的实现

电梯控制器系统使用 VHDL 语言设计,用 Altera 公司 CYCLONE 系列中的 EPlC3T144C8 芯片实现。在 QuartusⅡ环境下进行编译和仿真,其中部分仿真结果如图 10－5 所示,电梯在一楼

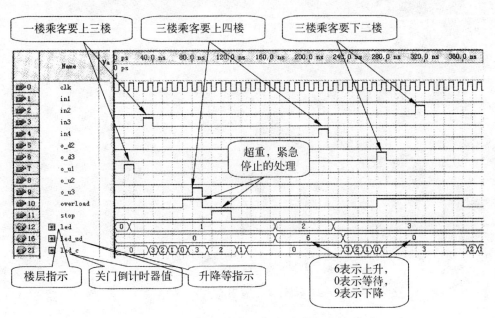

图 10－5　电梯控制系统部分功能仿真结果图

(led=0)时处于等待状态,当有乘客在一楼电梯外请求要上三楼时($o\_u1=1$,in3=1),电梯开门后延时 3 s(3 个时钟周期,1 个时钟周期为 1 s,仿真时为提高速度时钟周期取 10 ns)后关门(led_c=3,2,1,0);当有超重信号(overload=1)发生时,电梯关门倒计时器置为 3(倒计时的最大值),并停止计时,电梯一直处于一楼,当超重信号消失后恢复计时;当有停止信号(stop=1)时,计时停止;当电梯上升到二楼时,指示电梯处于上升状态(led_ud=6);当电梯将要到达三楼时,有乘客在三楼电梯外请求要上四楼(o_u3_1),电梯到达三楼时开门,释放第一批乘客,接入第二批乘客;到达四楼后,进入第三批乘客要去二楼,如果在关门倒计时器数到 1 时(led_c=1),有人请求紧急停止(stop=1),此时电梯保持不动,紧急停止信号消失后(stop=0),电梯关门,下降到二楼,释放完乘客后,在二楼等待。

参 考 文 献

[1] 刘敏,钟苏丽.可编程控制器技术项目化教程[M].北京：机械工业出版社,2011.

[2] 朱明程,董尔令.可编程逻辑器件原理及应用[M].西安：西安电子科技大学出版社,2004.

[3] 杨春玲,朱敏.可编程逻辑器件应用实践[M].哈尔滨：哈尔滨工业大学出版社,2008.

[4] 赵曙光,郭万有,杨颂华,等.可编程器件原理、开发与应用[M].西安：西安电子科技大学
　　 出版社,2005.

[5] 付慧生.复杂可编程逻辑器件与应用设计[M].徐州：中国矿业大学出版社,2005.

[6] 高锐,高芳.可编程逻辑器件设计项目教程[M].北京：机械工业出版社,2012.

[7] 蔡述庭,陈平,棠潮,等.FPGA——从电路到系统[M].北京：清华大学出版社,2014.

[8] 殷洪义,吴建华.PLC 原理与实践[M].北京：清华大学出版社,2008.

[9] 郑利浩,王荃,陈华锋.FPGA 数字逻辑设计教程——Verilog[M].北京：电子工业出版
　　 社,2013.

[10] 陈金鹰.FPGA 技术及其应用[M].北京：机械工业出版社,2015.

[11] 张洪润,张亚凡,孙悦,等.FPGA/CPLD 应用设计 200 例(下册)[M].北京：北京航空航天
　　 大学出版社,2009.

[12] 张德学,张小军,郭华,等.FPGA 现代数字系统设计及应用[M].北京：清华大学出版
　　 社,2015.

[13] 张小飞,秦刚刚,杨阳.FPGA 技术入门与典型项目开发实例[M].北京：化学工业出版
　　 社,2012.

[14] 陈明芳,樊秋月.CPLD/FPGA 技术应用项目教程[M].北京：电子工业出版社,2015.

[15] 韩晓敏,张鹏,刘海妹.FPGA/CPLD 应用技术[M].北京：清华大学出版社,2014.